essentials

essentials liefern aktuelles Wissen in konzentrierter Form. Die Essenz dessen, worauf es als „State-of-the-Art" in der gegenwärtigen Fachdiskussion oder in der Praxis ankommt. *essentials* informieren schnell, unkompliziert und verständlich

- als Einführung in ein aktuelles Thema aus Ihrem Fachgebiet
- als Einstieg in ein für Sie noch unbekanntes Themenfeld
- als Einblick, um zum Thema mitreden zu können

Die Bücher in elektronischer und gedruckter Form bringen das Fachwissen von Springerautor*innen kompakt zur Darstellung. Sie sind besonders für die Nutzung als eBook auf Tablet-PCs, eBook-Readern und Smartphones geeignet. *essentials* sind Wissensbausteine aus den Wirtschafts-, Sozial- und Geisteswissenschaften, aus Technik und Naturwissenschaften sowie aus Medizin, Psychologie und Gesundheitsberufen. Von renommierten Autor*innen aller Springer-Verlagsmarken.

Robert Trierweiler

Sekundärer Feinstaub

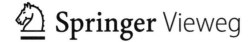 Springer Vieweg

Robert Trierweiler
Trier, Deutschland

ISSN 2197-6708   ISSN 2197-6716   (electronic)
essentials
ISBN 978-3-658-40156-6   ISBN 978-3-658-40157-3   (eBook)
https://doi.org/10.1007/978-3-658-40157-3

Die Deutsche Nationalbibliothek verzeichnet diese Publikation in der Deutschen Nationalbibliografie; detaillierte bibliografische Daten sind im Internet über http://dnb.d-nb.de abrufbar.

Planung/Lektorat: Dr. Daniel Fröhlich
Springer Vieweg ist ein Imprint der eingetragenen Gesellschaft Springer Fachmedien Wiesbaden GmbH und ist ein Teil von Springer Nature.
Die Anschrift der Gesellschaft ist: Abraham-Lincoln-Str. 46, 65189 Wiesbaden, Germany

Was Sie in diesem *essential* finden können

- Eine kurze Einführung in die Welt des Feinstaubs, dessen Eigenschaften und Entstehung in der Umwelt
- Eine Übersicht über die verschiedenen Entstehungsmechanismen von sekundärem Feinstaub und die wichtigsten chemischen Abläufe
- Eine Sammlung der wichtigsten Quellen von Präkursoren und Feinstaub

Danksagung

Es gibt einige Menschen, denen ich danken möchte. Mein Dank gilt Herrn Prof. Dr.-Ing. Torsten Reindorf, der mir die Möglichkeit gab, dieses Werk über Feinstaub zu verfassen. Mein Dank gilt außerdem Herrn Peter Thijs für seine kritische Korrektur.

Für ihre liebevolle Unterstützung bedanke ich mich besonders bei Frau Mira Lorenz.

Inhaltsverzeichnis

Einleitung 1

Staub ist „ein komplexes, heterogenes Gemisch aus festen bzw. flüssigen Teilchen, die sich hinsichtlich ihrer Größe, Form, Farbe, chemischen Zusammensetzung, physikalischen Eigenschaften und ihrer Herkunft bzw. Entstehung unterscheiden."[1] Staub wird den aerokolloidalen Systemen (Aerosole) zugeordnet.[2] Kolloide sind der Definition nach Objekte, deren Ausdehnung in wenigstens einer Dimension (Höhe, Breite, Länge) im Bereich von mindestens 1 nm liegt (entspricht 0,001 μm).[3]

Staubpartikel sind das Produkt chemischer und/oder physikalischer Prozesse. Aufgrund der Komplexität dieser Prozesse sind die chemische Zusammensetzung und die physikalischen Eigenschaften von Staubpartikeln sehr heterogen.[4]

Staubpartikel werden anhand der Bildungsmechanismen in Primärstaub und Sekundärstaub unterschieden. Als Primärstaub werden Partikel bezeichnet, die in flüssigem oder festem Zustand direkt in die Atmosphäre emittiert werden.[5] Als Sekundärstaub werden feste oder flüssige Partikel aus kondensierten oder sublimierten Stoffen bzw. Stoffgemischen bezeichnet, die durch chemische oder physikalische Reaktionen von gasförmigen Vorläuferstoffen in der Atmosphäre gebildet werden.[6,7] Die Vorläuferstoffe werden auch als Präkursoren bezeichnet.[8]

---

[1] ÖSTERREICHISCHES UMWELTBUNDESAMT: Abs. 1.

[2] HIDY/BROCKS: Kap. 1A, S. 3, Abs. 5.

[3] HOFMANN: S. 26, Abs. 2.

[4] KONDRATYEV: Abschn. 4.1.1, S. 187, Abs. 1.

[5] TUCKERMANN: S. 7.

[6] DREYHAUPT: S. 84, Abs. 1.

[7] WARNECK: Abschn. 7.4.3, S. 383, Abs. 1.

[8] GUDERIAN in GUDERIAN (2000A): Abschn. 1.2, S. 47, Abs. 4.

© Der/die Autor(en), exklusiv lizenziert an Springer Fachmedien Wiesbaden GmbH, ein Teil von Springer Nature 2022
R. Trierweiler, *Sekundärer Feinstaub,* essentials,
https://doi.org/10.1007/978-3-658-40157-3_1

Anthropogene Quellen leisten ihren Beitrag zu den emittierten Feinstaubemissionsmengen. In Ballungsgebieten werden Primärpartikel u. a. durch Straßenverkehr emittiert und entstehen z. B. durch Reifen- und Bremsenabrieb. Eine wichtige Quelle für Präkursoren ist die Landwirtschaft, die z. B. durch Ammoniakemission Ausgangsstoffe für die Sekundärstaubentstehung liefert.[9]

Das Kernthema des vorliegenden Bandes ist sekundärer Feinstaub, also feste und flüssige Aerosole mit einem aerodynamischen Durchmesser von maximal 10 μm, die durch chemische oder physikalische Reaktionen in der Atmosphäre gebildet werden. Für ein besseres Verständnis werden im zweiten Kapitel einige allgemeine Grundlagen erklärt, wie z. B. die wichtigsten Prozesse der sekundären Partikelbildung. Im dritten Kapitel werden die allgemein anerkannten Prozesse der Sekundärpartikelentstehung behandelt, wie z. B. die photochemische Oxidation. Im letzten Kapitel werden einige Emissionsquellen von Präkursoren und primären Feinstaubpartikeln identifiziert.

---

[9] DEUTSCHES UMWELTBUNDESAMT (2020): Abs. 3.

Grundlagen

2

In diesem Kapitel sollen die wichtigsten Grundlagen allgemein erklärt werden. Zu Beginn werden verschiedene Prozesse beschrieben, die zur Bildung von Sekundärpartikeln führen, wonach auf die Zusammensetzung von Partikeln eingegangen wird. Danach werden die Größe und Masse von Partikeln betrachtet. Abschließend wird auf die Konzentration und die Verweildauer von Spurenstoffen in der Atmosphäre eingegangen wird.

2.1 Bildungsprozesse

Die Bildung von festen oder flüssigen Partikeln aus gasförmigen Stoffen wird als *Gas-to-Particle-Conversion* bezeichnet. Die hierdurch entstehenden Partikel nennt man *Sekundärpartikel*.

Sekundärpartikel werden in der Atmosphäre gebildet durch:[1]

- Kondensation oder Resublimation von übersättigtem Dampf, wobei die Übersättigung des Dampfes chemisch bzw. physisch induziert sein kann
- Aggregation von molekular dispergierten Phasen
- direkte chemische Reaktionen einzelner Moleküle

In der Gas-to-Particle-Conversion können folgende Prozesse unterschieden werden:

---

[1] HIDY/BROCKS: Kap. 8, S. 216, Abs. 2 bis 4.

R. Trierweiler, *Sekundärer Feinstaub,* essentials,
https://doi.org/10.1007/978-3-658-40157-3_2

- Heterogene homomolekulare Nukleation: Aus der Gasphase einer reinen Stoffansammlung einer einzigen Komponente entsteht ein stabiler Partikel (Keim/Nukleus) aus homogenen Molekülen innerhalb der meta-stabilen Gasphase.[2]
- Heterogene heteromolekulare Nukleation: Aus der Gasphase einer Stoffansammlung mit mindestens zwei verschiedenen Komponenten entsteht ein stabiler Partikel (Keim/Nukleus) aus heterogenen Molekülen innerhalb der meta-stabilen Gasphase.[3]
- Ionen-induzierte Nukleation: Durch die Dipol-Wechselwirkung eines geladenen Ions mit einem Ion entgegengesetzter Ladung bzw. mit einem polaren Molekül entgegengesetzter Partialladung entsteht ein stabiler Partikel (Keim/Nukleus).[4]
- Heterogene homomolekulare Kondensation: Durch Adsorption bzw. Absorption von flüchtigen Substanzen bzw. Gasen an einem bereits existierenden Partikel (Kondensationskeim) aus dem gleichen Stoff, wächst der Partikel an.
- Heterogene heteromolekulare Kondensation: Durch die Adsorption bzw. Absorption von flüchtigen Substanzen und/oder Gasen an einem bereits existierenden Partikel (Kondensationskeim) aus einem anderen Stoff/aus anderen Stoffen, wächst der Partikel an.[5]

Neben der Partikelbildung kann es in der Atmosphäre auch zu Wechselwirkungen zwischen Partikeln und Komponenten der Gasphase sowie zum Anwachsen von Partikeln aufgrund von Kollisionen mit anderen Partikeln oder Teilchen (Koagulation) kommen. Die chemischen Wechselwirkungen mit der Gasphase und die Koagulationsprozesse verlaufen proportional mit der Oberfläche der Partikel.[6] Chemische Reaktionen zwischen Aerosolkomponenten und Kondensation können jeweils für sich oder nacheinander ablaufen.[7]

Nukleation
Wenn sich mehrere Spurengasmoleküle zu einem Partikel verbinden, bezeichnet man dies als Nukleation oder Keimbildung.[8] Aufgrund der Van-der-Waals-Kräfte

---

[2] KONDRATYEV: Abschn. 4.1.1, S. 188, Abs. 6.
[3] KONDRATYEV: Abschn. 4.1.1, S. 188, Abs. 6.
[4] WILHELM: Kap. 1, S. 2, Abs. 2.
[5] WARNECK: Abschn. 7.4.3, S. 383, Abs. 2.
[6] WINKLER in GUDERIAN (2000B): Abschn. 4.1.3, S. 6, Abs. 4.
[7] RÜGER: Abschn. 2.2.1.1, S. 27, Abs. 1.
[8] KASANG: Abs. 1.

kommt es bei der Nukleation zur Bildung von Molekül-Clustern, wobei das Verständnis der Nukleation weitestgehend auf Prinzipien der statistischen Mechanik beruht. Die Theorie der heterogenen homomolekularen Nukleation basiert auf der Annahme, dass bestimmte thermodynamische Eigenschaften von groben Partikeln eines Stoffes, wie z. B. Oberflächenspannung, bereits bei Clustern mit mindestens 20 Molekülen dieses Stoffes vorhanden sind. Dieser Theorie folgend, wird eine stationäre Verteilung der Clustergröße aufgebaut. Bis zu einer kritischen Clustergröße befinden sich die kleineren Cluster in einem Quasi-Gleichgewicht. Die Clusterbildung wird bei konstanter Temperatur unter anderem durch das Verhältnis des aktuellen Dampfdrucks zum entsprechenden Sättigungsdampfdruck und durch die entsprechende Verdampfungsenthalpie beeinflusst. Im Fall einer Übersättigung lässt sich in der Clustergrößenverteilung das Maximum eines entsprechenden Clusterradius berechnen. Wächst das Cluster über diesen kritischen Radius hinaus, wird es instabil, aber es kann weiterhin wachsen.[9] Ob die Partikel in flüssiger oder fester Form gebildet werden, d. h. ob sie kondensieren oder resublimieren, hängt von den Stoffeigenschaften sowie von der Temperatur und dem Dampfdruck ab.[10]

Da in der Atmosphäre stets ein heterogenes Gemisch verschiedener Dämpfe und Partikel vorliegt, ist die heterogene heteromolekulare Nukleation wahrscheinlicher als die heterogene homomolekulare Nukleation. Sobald mindestens zwei verschiedene Stoffe als Gas vorliegen, kann die heterogene heteromolekulare Nukleation auftreten, obwohl beide Stoffe noch nicht den Sättigungsdampfdruck erreicht haben.[11] Aufgrund ihrer Wasserlöslichkeit fördern Gase wie z. B. H_2SO_4 und NH_3 die Keimbildung aus Wasserdampf.[12]

Im Allgemeinen ist die heterogene homomolekulare Nukleation eines einzelnen Stoffes nur bei hohen Übersättigungsgraden effektiv. Beispielsweise benötigt Wasserdampf zur heterogenen homomolekularen Nukleation ein Verhältnis von aktuellem Dampfdruck zu Sättigungsdampfdruck von 5:1. Diese hohen Werte werden in der Atmosphäre nicht erreicht, aufgrund der Anwesenheit von Kondensationskeimen in Form anderer Aerosolenpartikel die heterogene heteromolekulare Kondensation überwiegt; sie ist bereits bei Dampfdruckverhältnissen von 1,05:1 effektiver.[13]

---

[9] WARNECK: Abschn. 7.4.3, S. 384, Abs. 1 bis 3.

[10] HIDY/BROCKS: Abschn. 9.1D, S. 270, Abs. 3.

[11] WARNECK: Abschn. 7.4.3, S. 385, Abs. 2.

[12] RÜGER: Abschn. 2.2.1.2, S. 28, Abs. 3.

[13] WARNECK: Abschn. 7.4.3, S. 385, Abs. 2.

Durch die sekundäre kosmische Strahlung, auch Höhenstrahlung genannt, werden bestimmte Gase in Reaktionsbereitschaft versetzt, wodurch ca. 1000 reaktionsfähige Ionen pro cm^3 Luft vorliegen.[14] Durch die kosmische Strahlung werden Teilchen ionisiert, indem Elektronen von den Teilchen gelöst werden. Dadurch werden freie Elektronen und positiv geladene Teilchen gebildet. Die freien Elektronen können sich sehr schnell an neutralen Teilchen anlagern, wodurch negativ geladene Teilchen gebildet werden.[15] Die vorhandenen Ionen können Nukleation induzieren, aber auch Kondensationskeime sein: Zwischen Ionen und polaren Molekülen herrscht ein größerer Stoßquerschnitt als zwischen neutralen Molekülen, weshalb es schnell zur Cluster-Bildung kommt. Die Cluster aus Ionen und/oder Molekülen mit Partialladung sind wegen der Ladung-Dipol-Wechselwirkung stabil. Aufgrund des größeren Stoßquerschnitts können die Cluster durch das Anlagern kondensierbarer Gase schnell zu Partikeln anwachsen. Durch die Dipol-Wechselwirkung werden die Partikel stabilisiert und somit z. B. das Verdampfen erschwert. Die Ionen-induzierte Nukleation wird durch die Ionenpaarbildungsrate limitiert.[16]

Die wahrscheinlichsten Nukleationsmechanismen sind die triple Nukleation unter der Beteiligung von H_2O, NH_3 und H_2SO_4 sowie die Ionen-induzierte Nukleation.[17]

Kondensation

Unter der Kondensation eines Stoffes versteht man die Änderung des Aggregatzustandes vom gasförmigen in den flüssigen Zustand. Die Änderung vom gasförmigen Zustand in den festen bezeichnet mal als Resublimation. Kondensation bzw. Resublimation einer reinen gasförmigen Stoffansammlung erfolgt normalerweise nur, wenn die entsprechenden thermodynamischen Bedingungen, d. h. Temperatur und entsprechender Sättigungsdampfdruck, gegeben sind. In Ansammlungen von Gemischen aus gasförmigen Stoffen oder Gemischen aus gasförmigen und partikelförmigen Stoffen können diese Bedingungen, z. B. aufgrund des Lösungseffekts oder des Krümmungseffekts, von den Bedingungen für reine Stoffansammlungen abweichen.[18] Der Dampfdruck des kondensierenden Gases über dem Kondensationskeim ist dabei im Gleichgewicht mit der Umgebung.[19]

---

[14] RÜGER: Abschn. 2.2.1.1, S. 27, Abs. 1.

[15] WILHELM: Abschn. 2.1, S. 7, Abs. 2.

[16] WILHELM: Abschn. 1, S. 2, Abs. 2.

[17] KONDRATYEV: Abschn. 4.1.4, S. 198, Abs. 2.

[18] LIPPOLD: Abs. 1.

[19] TIMMRECK: Abschn. 3.2.2, S. 27, Abs. 1.

Die Kondensation eines Gases an einem Partikel kann durch den relativen Fluss des Gases hin zum Partikel beschrieben werden. Anhand der Knudsenzahl (Kn) unterscheidet man zwischen dem Kondensationsregime der Hydrodynamik und dem Kondensationsregime der Gaskinetik. Die Knudsenzahl ist definiert als das Verhältnis der freien Wegstrecke des Gasmoleküls zum Radius des Kondensationskeims.[20] Die freie Wegstrecke der Gasmoleküle ist u. a. abhängig von der Anzahl an Molekülen pro Volumeneinheit Luft und dem mittleren Kollisionsdurchmesser. Für Kn < 1 gelten die Gesetze der Hydrodynamik (Kontinuum) und bei Kn > 1 gelten die Gesetze der Gaskinetik. Wenn die freie Weglänge der Moleküle annähernd so groß ist wie die Radien der Partikel, ist Kn ≈ 1. Dies ist für typische stratosphärische Bedingungen der Fall. Für den Übergangsbereich bei Kn = 1 existiert keine exakte mathematische Beschreibung, weshalb eine Kombination aus hydrodynamischem und gaskinetischem Fluss verwendet wird.[21] Sind die Partikelradien sehr klein, läuft die Knudsenzahl gegen Unendlich und es gelten die Gesetze der Gaskinetik, wodurch die Partikelwachstumsrate unabhängig vom Radius wird. Sind die Partikelradien dagegen sehr groß, läuft die Knudsenzahl gegen Null und es gelten die Gesetze der Hydrodynamik, wodurch sich die Partikelwachstumsrate indirekt proportional zum Radius verhält.[22]

Wie bei der Nukleation, ist auch bei der Kondensation im Allgemeinen die heterogene heteromolekulare Variante wesentlich wahrscheinlicher, da in der Luft stets eine große Vielzahl von verschiedenen Aerosolteilchen vorliegen. Die Kondensationsrate wird stark durch die Konzentration von Kondensationskeimen beeinflusst. Die Rate der heterogenen heteromolekularen Kondensation hängt von der Oberflächenbeschaffenheit des Kondensationskeimes ab, einschließlich der Geometrie und der chemischen Eigenschaften.[23] Auch Ionen können als Kondensationskeime dienen, wobei die Ladung der Ionen die Kondensationsrate beeinflusst.[24]

Liegt ein gesättigtes Gas-Luft-Gemisch vor, tritt nicht sofort heterogene heteromolekulare Kondensation ein. Der Grund dafür ist der sog. Kelvin-Effekt: Würden sich Moleküle zufällig zu einem genügend großen Cluster verbinden und kondensieren, wäre der Dampfdruck über dem entstandenen Partikel so hoch, dass er sofort wieder verdampft.[25] Erst mit zunehmender Übersättigung wird die heterogene heteromolekulare Kondensation effektiv. In der Atmosphäre ist die heterogene

---

[20] TIMMRECK: Abschn. 3.2.2, S. 32, Abs. 2.

[21] TIMMRECK: Abschn. 3.2.2, S. 32, Abs. 4.

[22] TIMMRECK: Abschn. 3.2.2, S. 35, Abs. 1 bis Abs. 2.

[23] HIDY/BROCKS: Abschn. 9.2, S. 280, Abs. 2.

[24] HIDY/BROCKS: Abschn. 9.2A, S. 281, Abs. 1.

[25] RÜGER: Abschn. 2.2.1.2, S. 28, Abs. 1.

heteromolekulare *Kondensation* an vorhandenen Partikeln wahrscheinlicher als die
Keimbildung aus heterogener heteromolekularer *Nukleation*.[26]
Eine besondere Form der *Kondensation* stellt das sog. Feuchtewachstum dar.
Unter positivem Feuchtewachstum versteht man das Kondensieren von Wasserdampf an atmosphärischen Partikeln und unter negativem Feuchtewachstum das
Verdunsten von Wasserdampf an atmosphärischen Partikeln.[27] Für das Feuchtewachstum ist entscheidend, ob die Oberfläche des Partikels hydrophil oder
hydrophob ist. Das Feuchtewachstum hängt von der relativen Luftfeuchtigkeit ab.
Lösliche Gase, wie z. B. SO_2, NH_3, H_2SO_4, HNO_3 und H_2O_2, können in die Was-
seranlagerungen an hydrophilen Partikeln aufgenommen werden und dort chemisch
reagieren.[28] Mit zunehmender Wasseranlagerung und/oder aufgrund von chemischen Reaktionen innerhalb der Wasseranlagerung, können sich die chemischen
Eigenschaften der Partikel ändern, wie z. B. der pH-Wert.[29]

Koagulation
Als Koagulation wird ein Wachstumsvorgang von Teilchen und Partikeln durch
Koaleszenz aufgrund von Kollisionen bezeichnet; Kollisionen können zwischen
Teilchen und Teilchen (Moleküle bzw. Molekül-Cluster), zwischen Teilchen und
Partikeln sowie zwischen Partikeln und Partikeln stattfinden. Nach der Bewegungs-
art der Teilchen können drei Koagulationsformen unterschieden werden:[30]

• Koagulation aufgrund zufälliger thermischer Bewegung (Brownsche Koagula-
  tion)
• Koagulation aufgrund unterschiedlicher Sedimentationsgeschwindigkeiten
• Koagulation unter Einfluss von Diffusion

Ob nach einer Kollision eine Koaleszenz eintritt, wird u. a. beeinflusst von:[31]

• Größe der Teilchen bzw. Partikel
• Oberflächenstruktur der Partikel
• Elektrostatischen Kräften
• Van-der-Waals-Kräften

---

[26] RÜGER: Abschn. 2.2.1.2, S. 28, Abs. 2.
[27] TIMMRECK: Abschn. 3.2.2, S. 28, Abs. 1.
[28] WINKLER in GUDERIAN (2000B): Abschn. 1.1.4, S. 9, Abs. 1.
[29] WINKLER in GUDERIAN (2000B): Abschn. 1.1.5, S. 10, Abs. 7.
[30] TIMMRECK: Abschn. 3.2.3, S. 37, Abs. 1.
[31] HIDY/BROCKS: Kap. 10, S. 296, Abs. 2.

Die Wirksamkeit der Koagulation steigt mit der Konzentration von Partikeln und wächst quadratisch mit der Partikelanzahl.[32]

2.2 Partikelgröße und Partikelmasse

Staubpartikel lassen sich anhand ihres aerodynamischen Durchmessers in verschiedene Fraktionen einteilen, wobei die Fraktionen anhand des mittleren aerodynamischen Massendurchmessers charakterisiert werden können.

Partikelgröße
Eine Einteilung von Staubpartikeln geschieht anhand des aerodynamischen Durchmessers. Der aerodynamische Durchmesser ist eine Hilfsgröße, die u. a. von einer idealisierten Kugelform der Partikel ausgeht.[33] Die Definition der *United States Environmental Protection Agency (US EPA)* hat sich als wissenschaftlicher Standard etabliert. Die *US EPA* definiert verschiedene PM_X-Fraktionen; die Abkürzung PM steht für *Particulate Matter* und der Index X für den aerodynamischen Durchmesser (in μm) des Trennkorns. Demnach lassen sich Partikel anhand des Trennkorndurchmessers in die drei Fraktionen PM_{10}, $PM_{2,5}$ und $PM_{0,1}$ einteilen, wobei alle Partikel, deren aerodynamischer Durchmesser gleich oder kleiner als der Wert im Index ist, zu der entsprechenden PM-Fraktion zählen. Partikelfraktionen ab PM_{10} (und kleiner) werden als Feinstaub bezeichnet. Partikelfraktionen ab $PM_{0,1}$ (und kleiner) bezeichnet man als Ultrafeinstaub.[34] Als Nanopartikel gilt die Partikelfraktion ab $PM_{0,05}$ (und kleiner).[35]

Der Begriff Faser bezeichnet keine konkrete Partikelgröße, sondern bezieht sich auf die längliche Geometrie eines Partikels.

Aerosolpartikel können eingeatmet werden. Je kleiner der Partikeldurchmesser ist, desto tiefer dringen sie in den Organismus ein. Staubpartikel mit einem aerodynamischen Durchmesser zwischen 10 μm und 2,5 μm gelangen beim Menschen bis in die Luftröhre, die oberen Atemwege und die Bronchien. Staubpartikel mit einem aerodynamischen Durchmesser zwischen 2,5 μm und 0,1 μm können über die Atemwege bis zu den Bronchiolen und den Alveolen vordringen. Ultrafeine Staubpartikel mit einem aerodynamischen Durchmesser kleiner als 0,1 μm

---

[32] TIMMRECK: Abschn. 3.2.3, S. 39, Abs. 2.

[33] KALTSCHMITT/HARTMANN/HOFBAUER: Abschn. 11.4.1, S. 702, Abs. 2.

[34] DEUTSCHES UMWELTBUNDESAMT (2013): Abs. 1.

[35] SPURNY: Kap. 1, S. 4, Abs. 7.

können die Lungen-Blutschranke überwinden und in den Blutkreislauf gelangen.[36] Dabei hat inhalierter Feinstaub verschiedene Auswirkungen auf die Gesundheit von Lebewesen. Je nach Größe und Eindringtiefe der Partikel reichen die Auswirkungen von Schleimhautreizungen und lokalen Entzündungen über verstärkte Plaquebildungen in den Blutgefäßen und einer erhöhten Thromboseneigung bis hin zu Veränderungen der Regulierungsfunktion des vegetativen Nervensystems (Herzfrequenzvariabilität).[37]

In einem abgeschlossenen Luftvolumen durchläuft die Entwicklung der Teilchengrößenverteilung drei aufeinanderfolgende Stufen, die von Nukleation, Koagulation und Kondensation (in dieser Reihenfolge) dominiert werden. In der Atmosphäre laufen diese drei Stufen gleichzeitig ab, allerdings müssen für die Bildung neuer Partikel durch *Nukleation* die entsprechenden Bedingungen herrschen, ansonsten dominiert die *Kondensation*. Durch Nukleation werden Partikel mit einem aerodynamischen Durchmesser bis ca. 0,1 μm (PM$_{0,1}$-Fraktion), in diesem Zusammenhang auch *Aitken Range* genannt, gebildet. Durch Koagulation werden Partikel der PM$_1$-Fraktion gebildet.[38]

Der Verlust von Partikeln einer Größenklasse durch Koagulation wird mit zunehmender Partikelgröße geringer: Wenn bspw. ein Partikel mit einem Durchmesser von 0,1 μm mit einem Partikel mit einem Durchmesser von 9 μm koaguliert, geht der kleinere Partikel aus seiner Größenklasse verloren, während der Größenzuwachs des größeren Partikels keinen Wechsel in die nächst höhere Größenklasse zur Folge hat.[39]

Die Größe atmosphärischer Partikel hängt auch von der relativen Luftfeuchtigkeit ab: Während hydrophobe Partikel kaum von der relativen Luftfeuchtigkeit beeinflusst werden, nehmen die Radien hydrophiler Partikel durch Anlagerung von Wasserdampf mit zunehmender relativer Luftfeuchtigkeit zu.[40] Es kommt nicht zwangsläufig zur Kondensation des Wasserdampfes (positives Feuchtewachstum), weil die in den Partikeln enthaltenen Substanzen eine dampfdruckerniedrigende Wirkung haben können, z. B. Salze wie $(NH_4)_2SO_4$ und NaCl oder Säuren wie HNO_3 und HCl.[41]

---

[36] DEUTSCHES UMWELTBUNDESAMT (2020): Abs. 4.

[37] DEUTSCHES UMWELTBUNDESAMT (2020): Abs. 4.

[38] WARNECK: Abschn. 7.4.3, S. 383, Abs. 1 bis 2.

[39] TIMMRECK: Abschn. 3.2.3, S. 39, Abs. 3.

[40] WINKLER in GUDERIAN (2000B): Abschn. 1.1.3, S. 6, Abs. 2.

[41] WINKLER in GUDERIAN (2000B): Abschn. 1.1.5, S. 9, Abs. 1.

Partikelmasse

Die Masse aller Aerosolpartikel, die in einem bestimmten Gasvolumen dispergiert sind, bezeichnet man als *Total Suspended Particles* (kurz TSP) oder *Suspended Particulate Matter* (kurz SPM).[42] Ein Begriff zur Charakterisierung einer Staubfraktion bzw. der Komponenten einer Staubfraktion ist der mittlere aerodynamische Massendurchmesser. Er gibt den Schwerpunktdurchmesser an, über und unter dem sich jeweils 50 % der Masse einer Partikelfraktion oder einer einzelnen Komponente befinden.[43]

Durch Koagulation und/oder Kondensation ändert sich die Masse eines Partikels. Die Masse und die Größe eines Partikels sind über das spezifische Volumen miteinander verknüpft. Aufgrund von Änderungen der Umgebungsbedingungen kann sich das Volumen eines Partikels verändern, während die Masse des Partikels konstant bleibt.

2.3 Zusammensetzung von Partikeln

Die Zusammensetzung von Aerosolen unterliegt jahreszeitlichen Schwankungen. Hintergrund dafür sind verschiedene Quellen- und Senkenprozesse, wie z. B. photochemische Aktivität, Temperaturabhängigkeit der Oxidation, nasse Deposition oder Transport durch Wind, die jahreszeitabhängige Wirksamkeit aufweisen.[44]

Atmosphärische Aerosolpartikel bestehen in der Regel nicht aus reinen Substanzen, sondern sind Substanzgemische, sog. Mischkerne. Das Mischkernkonzept unterscheidet zwischen den folgenden grundlegend verschiedenen Mischungsarten:[45]

- äußere Mischung: Die Partikel bestehen aus verschiedenen Substanzen, aber jeder individuelle Partikel besteht aus einer reinen Substanz.
- innere Mischung: Die verschiedenen Substanzen liegen in allen Partikeln gleichverteilt vor.

---

[42] EUROPEAN ENVIRONMENT AGENCY: Abschn. 6.4.3, Abs. 1.
[43] WINKLER in GUDERIAN (2000B): Abschn. 1.1.2, S. 2, Abs. 5.
[44] WINKLER in GUDERIAN (2000B): Abschn. 1.1.6.6, S. 23, Abs. 1.
[45] WINKLER in GUDERIAN (2000B): Abschn. 1.1.4, S. 7, Abs. 1.

Es können alle möglichen Übergänge zwischen der inneren und der äußeren Mischung vorkommen.[46] Aufgrund der verschiedenen Bildungsprozesse ist es bei atmosphärischen Partikeln am wahrscheinlichsten, dass die individuellen Partikel aus Substanzgemischen bestehen und die Substanzen in den Partikeln ungleichmäßig verteilt vorliegen.

Partikel mit Radien kleiner als 0,1 μm enthalten als Hauptbestandteile NH_4NO_3, $(NH_4)_2SO_4$, NH_4^+, H_2SO_4 und Ruß.[47,48] Die Fraktion 0,1 < r < 1 μm beinhaltet die Hauptmasse des troposphärischen Aerosols. In der mittleren Zusammensetzung von Stadt-, Land- und Hintergrundaerosolen aus dieser Fraktion sind $(NH_4)_2SO_4$ und NH_4HSO_4 die wichtigsten Bestandteile. Organische Kohlenstoffverbindungen bilden in Stadt- und Landaerosolen einen wichtigen Bestandteil. Daneben kommt elementarer Kohlenstoff ebenfalls in einem nennenswerten Umfang vor. Nitrat hingegen stellt nur einen geringen Anteil, da der hohe Säuregehalt in dieser Partikelfraktion die Anlagerung von gasförmiger Salpetersäure hemmt. Weitere Bestandteile sind Si-, Ca-, und Fe-Verbindungen aus Erdkrustenmaterial oder Verbrennungsprozessen. In Stadtaerosolen sind bedeutende Mengen von Zn-Verbindungen, z. B. aus Reifenabrieb und Pb-Verbindungen, z. B. aus Benzin, zu finden. Chlor- und K-Verbindungen überwiegen in Land- und Hintergrundaerosolen.[49]

Mit zunehmender Partikelgröße ändert sich das Verhältnis von NO_3 zu SO_4 in den Partikeln und der NO_3-Gehalt steigt, weil es bei zunehmender Partikelgröße vermehrt zu alkalischen Reaktionen kommt; Salpetersäure lagert sich eher an die größeren Partikel an. Mit zunehmender Partikelgröße ändert sich auch die chemische Zusammensetzung, da die Sedimentationsrate steigt, wodurch die chemische Zusammensetzung stärker lokal geprägt ist.[50]

Analysen von Proben aus dem Ciuc-Becken in Rumänien aus dem Jahr 2015 haben ergeben, dass die Elemente O, C und Si mit ca. 85 % den größten Teil der Masse der PM_{10}-Fraktion ausmachen.[51]

---

[46] WINKLER in GUDERIAN (2000B): Abschn. 1.1.4, S. 7, Abs. 1.

[47] WINKLER in GUDERIAN (2000B): Abschn. 1.1.6.4, S. 21, Abs. 4.

[48] WINKLER in GUDERIAN (2000B): Abschn. 1.1.5, S. 12, Abs. 2.

[49] WINKLER in GUDERIAN (2000B): Abschn. 1.1.6.3, S. 18, Abs. 1.

[50] WINKLER in GUDERIAN (2000B): Abschn. 1.1.6.4, S. 21, Abs. 1 bis 3.

[51] BOGA et al.: S. 1, Abs. 1.

2.4 Konzentration und Verweildauer von Spurenstoffen in der Atmosphäre

Die Atmosphäre ist ein Multiphasen- und Multikomponentensystem, das aus Gasen, Dämpfen, Partikeln und Hydrometeoren[52] besteht. Durch die vielfältigen und ständigen Interaktionen zwischen den Komponenten und Phasen werden kontinuierlich neue Komponenten gebildet und andere Komponenten abgebaut. Durch die Interaktionen der Komponenten und durch Depositionsvorgänge kommt es kontinuierlich zu Konzentrationsänderungen.[53]

Die Konzentration bzw. die Konzentrationsänderung eines Stoffes in der Atmosphäre wird von zwei Faktoren beeinflusst:

- Emittierte Menge bzw. Emissionsrate
- Verweildauer in der Atmosphäre (mittlere atmosphärische Lebensdauer)

Unter der Verweildauer eines Stoffes in der Atmosphäre versteht man die Zeitspanne, in welcher der Stoff durch chemische Prozesse abgebaut oder auf andere Weise aus der Atmosphäre entfernt wird. Verweildauern von Stoffen in der Atmosphäre sind sehr unterschiedlich. Je größer die Verweildauer eines Stoffes in der Atmosphäre ist, desto stärker steigt dessen Konzentration bei gegebener Emissionsrate. Mit der Verweildauer eines Stoffes nimmt auch dessen Verteilung in der Atmosphäre zu.[54] Es kann zwischen zwei verschiedenen Arten der Verteilung von Spurenstoffen (und Partikeln) in der Atmosphäre unterschieden werden: die horizontale Verteilung durch horizontalen Transport innerhalb einer Atmosphärenschicht und die vertikale Verteilung durch vertikalen Transport innerhalb einer oder mehrerer Atmosphärenschichten. In der Atmosphäre werden Stoffe gleichzeitig in horizontale und in vertikale Richtung verteilt.

Die Aufenthaltszeit von Spurenstoffen in der Troposphäre ist vergleichsweise kurz und variiert zwischen einigen Stunden und mehreren Tagen, aufgrund ihrer schnellen Reaktionen mit anderen Komponenten. Insofern bilden sich rasch Gleichgewichtszustände, selbst wenn die Emissionsrate steigt.[55] In der freien Troposphäre werden hauptsächlich Spurenstoffe abgebaut, deren Halbwertszeiten

---

[52] Hydrometeore sind Eiskörner (Wolkeneis), Graupel, Hagelkörner, Regentropfen, Schneeflocken. Wolken, Nebel, Regen und andere Niederschläge sind Ansammlungen von Hydrometeoren.

[53] BRAUN, GUDERIAN in GUDERIAN (2000A): Abschn. 1.2, S. 23, Abs. 1.

[54] BRAUN, GUDERIAN in GUDERIAN (2000A): Abschn. 1.2, S. 54, Abs. 3.

[55] THE ROYAL SWEDISH ACADEMY OF SCIENCE AND THE ROYAL SWEDISH ACADEMY OF ENGINEERING SCIENCES: Abschn. 8.3.2, S. 192, Abs. 1.

einige Wochen bis ca. ein Jahr betragen. Dahingegen gelangen Verbindungen, deren atmosphärische Halbwertszeiten mehr als ein Jahr beträgt, zu einem erheblichen Teil bis in die Stratosphäre.[56] Kurzlebige Spurengase mit einer Lebensdauer von wenigen Sekunden entfernen sich nur einige Meter von ihrem Emissionsort, wohingegen langlebige Spurengase, deren Lebensdauer mehrere Jahrzehnte beträgt, einige tausend Kilometer in der Atmosphäre transportiert werden.

---

[56] BARNES, PREVOT, STAEHELIN in GUDERIAN (2000A): Abschn. 3.2.3.2, S. 233, Abs. 1.

Sekundärpartikelentstehung

Durch chemische und photochemische Reaktionen von Vorläuferstoffen werden in der Atmosphäre Partikel gebildet, die man als Sekundärpartikel oder Sekundärstaub bezeichnet. Vorläuferstoffe sind u. a. organischen Komponenten, Schwefeldioxid (SO_2), Kohlenwasserstoffe ($C_X H_Y$), Carbonylsulfid (COS), Dimethylsulfid (DMS), Ammonium (NH_4) und Stickstoffoxide (NO_X). Diese Stoffe können z. B. durch Ozon und verschiedene Radikale oxidiert werden. Dabei dienen z. B. Wasserdampf oder atmosphärische Partikel als Katalysatoren.[1]

Es existieren drei grundlegende und allgemein akzeptierte Mechanismen für die Entstehung von Sekundärpartikeln:[2]

- photochemische Oxidation und heterogene Reaktionen
- Reaktion von Ammonium und Schwefeldioxid in der Gegenwart von flüssigem Wasser (Wolkentropfen)
- katalytische Oxidation in Gegenwart von Schwermetallen

Die Vorläuferstoffe für die sekundäre Partikelentstehung werden als Präkursoren bezeichnet. Präkursoren können – analog zu Partikeln – in primäre und sekundäre Spurenstoffe unterschieden werden: Primäre Spurenstoffe werden direkt in die Atmosphäre emittiert, wohingegen sekundäre Spurenstoffe erst in der Atmosphäre gebildet werden. Bei einigen sekundären Spurenstoffen können anthropogene und natürliche Komponenten nur schwer oder gar nicht voneinander abgegrenzt werden; dies gilt vor allem für die Photooxidantien.[3]

---

[1] KONDRATYEV: Abschn. 4.1.2, S. 190, Abs. 1.

[2] KONDRATYEV: Abschn. 4.1.2, S. 190, Abs. 3.

[3] BRAUN, GUDERIAN in GUDERIAN (2000A): Abschn. 1.2, S. 23, Abs. 1.

© Der/die Autor(en), exklusiv lizenziert an Springer Fachmedien Wiesbaden GmbH, ein Teil von Springer Nature 2022
R. Trierweiler, *Sekundärer Feinstaub*, essentials,
https://doi.org/10.1007/978-3-658-40157-3_3

NO_X, H_2SO_4, NH_3 und Ozon zählen zu den besonders reaktionsfähigen Gasen in der Atmosphäre. Daneben sind die unzähligen verschieden VOC an vielen Reaktionen beteiligt.[4]

Die chemischen und photochemischen Reaktionen, wodurch die hochflüchtigen Gase in Gaskomponenten transformieren, die wiederum als Ausgangsstoffe für die sekundäre Aerosolbildungen dienen können, sind sehr kompliziert und spärlich erforscht. Folgende Prozesse sind nach bisherigem Kenntnisstand von wesentlicher Bedeutung:[5]

- Reaktionen von SO_2 mit Hydroxyl-Radikalen, wodurch eventuell schweflige Säure gebildet wird.

- Reaktionen von Nicht-Methan Kohlenwasserstoffen mit Ozon und/oder Hydroxyl-Radikalen, begleitet von der Bildung von Aldehyden, Alkoholen und Carbonsäuren, wobei die Produkte mit Stickoxiden reagieren und organische Nitrate bilden.

3.1 Photochemische Oxidation und heterogene Reaktionen

In der Atmosphäre laufen verschiedene Abbauprozesse ab, die durch Sonnenlicht beeinflusst werden. Dabei sind grundsätzlich zwei Prozesse zu unterscheiden:[6]

- photolytische Umwandlungsprozesse (Photolyse) durch die Absorption von Sonnenstrahlung
- chemische Reaktionen von Substanzen photochemischen Ursprungs (Photooxidantien)

---

[4] RÜGER: Abschn. 2.2.1.1.1, S. 27, Abs. 1.
[5] KONDRATYEV: Abschn. 4.1.1, S. 189, Abs. 2.
[6] BARNES, PREVOT, STAEHELIN in GUDERIAN (2000A): Abschn. 3.2.2.3, S. 219, Abs. 1.

Photolyse

Den Vorgang der photochemischen Spaltung bezeichnet man auch als Photolyse oder Photodissoziation.[7] Um eine photochemische Spaltung hervorzurufen, müssen folgende Bedingungen erfüllt sein:[8]

- Die verfügbare Strahlung muss im Absorptionsspektrum des Moleküls liegen, das photochemisch aktiviert werden soll, d. h. das Strahlungsspektrum muss Wellenlängen enthalten, die das Absorptionsspektrum des bestrahlten Moleküls treffen.
- Das bestrahlte Molekül muss eine Energiemenge absorbieren, die ausreicht, um die chemische Bindung zu spalten.

Mit dem Absorptionsspektrum eines Moleküls wird der Wellenlängenbereich beschrieben, dessen Photonenenergie durch das Molekül absorbiert wird. Dabei gilt das Lambert-Beersche Gesetz.[9] Die Menge an aufgenommener Strahlungsenergie ist durch die sog. photochemische Quantenausbeute beschrieben, welche das Mengenverhältnis der beteiligten Lichtquanten zu den zur Verfügung stehenden Lichtquanten darstellt.[10]

Die Absorption von Licht im ultravioletten oder sichtbaren Bereich führt zur Photolyse, indem Atome oder Moleküle Photonen absorbieren und dabei Radikale oder andere reaktive Teilchen gebildet werden. Durch die Intensität und Wellenlänge des Lichtes, die Konzentration des absorbierenden Reaktanden und den Absorptionsquerschnitt wird die Reaktionsgeschwindigkeit der Photolyse beeinflusst.[11] Die Photolyserate ist wegen der Höhenabhängigkeit der verfügbaren Strahlung ebenfalls höhenabhängig. Dabei können durch Photodissoziation eines Reaktanden verschiedene Produkte entstehen, wie z. B. bei Formaldehyd:[12]

$$\text{HCHO} \xrightarrow{h\nu} \text{H} + \text{HCO} \tag{3.1a}$$

---

[7] ZELLNER in GUDERIAN (2000A): Abschn. 3.3.4, S. 350, Abs. 2.

[8] ZELLNER in GUDERIAN (2000A): Abschn. 3.3.4, S. 350, Abs. 3.

[9] BARNES, PREVOT, STAEHELIN in GUDERIAN (2000A): Abschn. 3.2.2.3, S. 219, Abs. 1.

[10] ZELLNER in GUDERIAN (2000A): Abschn. 3.3.4, S. 350, Abs. 2.

[11] BARNES, PREVOT, STAEHELIN in GUDERIAN (2000A): Abschn. 3.2.2.3, S. 220, Abs. 1.

[12] BARNES, PREVOT, STAEHELIN in GUDERIAN (2000A): Abschn. 3.2.2.3, S. 220, Abs. 3.

$$\xrightarrow{h\nu} H_2 + CO \qquad (3.1b)$$

Aufgrund mehrerer Faktoren ändert sich die Intensität, die Dauer und der Einstrahlwinkel des Sonnenlichtes im Verlauf des Jahreszyklus, was die Photooxidantienchemie enorm beeinflusst. Außerdem kommt es zu einem permanenten Wechsel zwischen starker direkter Strahlung und schwacher indirekter (diffuser) Strahlung, wodurch sich der Wellenlängenbereich der eintreffenden Sonnenstrahlen in der Atmosphäre verändert und der Ablauf der photochemischen Reaktionen maßgeblich beeinflusst wird.

Photooxidantien
Die Produkte photochemischer Reaktionen heißen Photooxidantien. Sie stellen unter den atmosphärischen Spurenstoffen die Gruppe mit der höchsten ökotoxischen Wirkung dar.[13] Photooxidantien sind ein komplexes Gemisch aus Primär- und Sekundärkomponenten. Dieses Gemisch wird auch als *Photosmog* bezeichnet.[14] Photosmog entsteht aus Stickoxiden (NO, NO_2) und reaktiven Kohlenwasserstoffen gebildet.[15] Biogene flüchtige Kohlenwasserstoffe, z. B. Terpene, sind Vorläuferstoffe der natürlichen Photooxidantien.[16] Im Gegensatz dazu sind Stickoxide zum größten Teil anthropogenen Ursprungs. Anthropogene Vorläufer photochemischer Spurenstoffe stammen hauptsächlich aus dem Kraftverkehr, der Energiegewinnung in konventionellen Kraftwerken sowie der chemischen und petrochemischen Industrie.[17] Zu den Produkten der photochemischen Reaktionen gehören:[18]

- Ozon (O_3)
- Die Radikale OH, HO_2 und RO_2 (R steht für organischer Rest)
- NO_2, NO_3, N_2O_5, Salpetersäure (HNO_3) und organische Nitrate
- Carbonylverbindungen, wie z. B. Aldehyde
- organische Säuren

---

[13] GUDERIAN in GUDERIAN (2000A): Abschn. 1.2, S. 47, Abs. 4.

[14] GUDERIAN in GUDERIAN (2000A): Abschn. 1.2, S. 49, Abs. 3.

[15] GUDERIAN in GUDERIAN (2000A): Abschn. 1.2, S. 47, Abs. 4.

[16] THE ROYAL SWEDISH ACADEMY OF SCIENCE AND THE ROYAL SWEDISH ACADEMY OF ENGINEERING SCIENCES: Abschn. 8.3.3, S. 194, Abs. 2.

[17] GUDERIAN in GUDERIAN (2000A): Abschn. 1.2, S. 48, Abs. 1.

[18] BARNES, PREVOT, STAEHELIN in GUDERIAN (2000A): Abschn. 3.2.1, S. 208, Abs. 3.

- Peroxiverbindungen, wie z. B. Wasserstoffperoxid, Methylhydroperoxid, Peroxiessigsäure, Peroxisalpetersäure, Peroxiacetylnitrat (PAN) und andere Peroxinitrate

Ozon und Hydroxyl-Radikale (HO und HO_2) spielen in der Atmosphärenchemie eine wichtige Rolle und beeinflussen die Gas-to-Particle-Conversion. Sie sind das direkte oder indirekte Produkt von photochemischen Reaktionen, weshalb die Prozesse der Gas-to-Particle-Conversion großen täglichen Schwankungen unterliegen.[19] Ozon stellt mengenmäßig den größten Anteil unter den Photooxidantien und wird deshalb als Leitsubstanz des Photosmog angesehen.[20]

Die phytotoxischen organischen Peroxide, wie z. B. PAN (Peroxiacetylnitrat), sind als Bestandteile von Photosmog besonders zu erwähnen. Sie beeinflussen aufgrund ihres hohen Oxidationspotentials auf vielfältige Weise die physikochemischen Prozesse im Multikomponenten- und Multiphasensystem der Atmosphäre.[21]

Das atmosphärische Oxidationspotential im Multiphasensystem wird durch die SO_2-Konzentration in der Gasphase und dem pH-Wert in der Tropfenphase bestimmt.[22] Die meisten schwefelhaltigen Verbindungen setzen während des photochemischen Abbaus kein Ozon oder andere Oxidantien frei, weshalb sie nicht zu den Vorläuferstoffen der Photooxidantien gerechnet werden.[23]

3.1.1 Troposphäre

Die Photochemie der Troposphäre ist auf Wellenlängenbereiche zwischen 290 und 800 nm beschränkt, da die Wellenlängen des Sonnenlichtes <285 nm bereits in der Stratosphäre von Ozon absorbiert werden und nicht in die Troposphäre vordringen. In der Troposphäre absorbieren nur wenige chemische Verbindungen den Wellenlängenbereich zwischen 290 und 800 nm, so sind die Photolyse

---

[19] KONDRATYEV: Abschn. 4.1.1, S. 189, Abs. 4.

[20] BARNES, PREVOT, STAEHELIN in GUDERIAN (2000A): Abschn. 3.2.1, S. 208, Abs. 3.

[21] GUDERIAN in GUDERIAN (2000A): Abschn. 1.2, S. 49, Abs. 3.

[22] MÖLLER in GUDERIAN (2000B): Abschn. 1.2.5.5, S. 87, Abs. 1.

[23] BARNES, PREVOT, STAEHELIN in GUDERIAN (2000A): Abschn. 3.2.1, S. 209, Abs. 2.

von O_3, NO_2, HONO und Aldehyden die häufigsten Reaktionen.[24] Die Absorptionsspektren der anderen photolysefähigen Verbindungen überlappen kaum mit dem in der unteren Atmosphäre vorhandenen Wellenlängenbereich, weshalb ihre Photolysefrequenz nur gering ist.[25] OH-Radikale, NO_3-Radikale und Ozon sind die wichtigsten Oxidationsmittel in der Troposphäre. Die Konzentrationen dieser Oxidationsmittel hängen stark von der Intensität der Sonneneinstrahlung, der Zusammensetzung der Atmosphäre und von meteorologischen Parametern ab. In der Troposphäre ist das OH-Radikal für die meisten gasförmigen Spurenstoffe das wichtigste Oxidationsmittel. Obwohl die Konzentration von O_3 um den Faktor 10^6 höher ist als die Konzentration des OH-Radikals, ist Ozon nur für die Oxidation von Olefinen von Bedeutung.[26]

Solarstrahlung in einem Wellenlägenbereich kürzer als 330 nm führt zur Bildung von OH-Radikalen. Auch die Reaktionen von Monoterpenen mit O_3, OH und NO_3 sind als Mechanismen für Partikelwachstum zu beachten.[27]

Durch die Photolyse von O_3, CH_3CHO, HCHO, HONO und NO_2 entstehen reaktive Produkte, unter anderem Radikale, welche die chemischen Abläufe in der Troposphäre antreiben.[28] Bei den meisten organischen Verbindungen entstehen während ihres troposphärischen Abbaus eine große Anzahl an Zwischenprodukten.[29]

Die Abläufe in der troposphärischen Photochemie können anhand der beteiligten Stoffe in verschiedene Gruppen unterteilt werden. Die wichtigsten Gruppen und deren photochemische Reaktionen sind:[30]

- NO_X-Spezies: besonders die Reaktionen von salpetriger Säure (HNO_2) und organischen Oxi- und Peroxinitraten (RO_2NO_2)
- organische Spurenstoffe: besonders der Abbau von Methan, Kohlenmonoxid, Nichtmethan-Alkanen, Alkenen, aromatischen Kohlenwasserstoffen, Isopren

---

[24] BARNES, PREVOT, STAEHELIN in GUDERIAN (2000A): Abschn. 3.2.2.3, S. 220, Abs. 3.

[25] BARNES, PREVOT, STAEHELIN in GUDERIAN (2000A): Abschn. 3.2.2.3, S. 222, Abs. 1.

[26] BARNES, PREVOT, STAEHELIN in GUDERIAN (2000A): Abschn. 3.2.3.3, S. 232, Abs. 1.

[27] KONDRATYEV: Abschn. 4.1.4, S. 198, Abs. 2.

[28] BARNES, PREVOT, STAEHELIN in GUDERIAN (2000A): Abschn. 3.2.2.3, S. 222, Abs. 1.

[29] BARNES, PREVOT, STAEHELIN in GUDERIAN (2000A): Abschn. 3.2.1, S. 212, Abs. 1.

[30] BARNES, PREVOT, STAEHELIN in GUDERIAN (2000A): Abschn. 3.2, S. 235 bis 260.

und Terpenen, die Reaktionen von sauerstoffhaltigen organischen Verbindungen und die Ozonbildung durch organische Spurenstoffe

Es wird vermutet, dass auch Chlor- und Bromatome troposphärische Oxidationsmittel sind. Diese Vermutung stützt sich auf Feldmessungen, die andeuten, dass Alkane, Alkene, Alkylnitrate, Ethen und Acetylen im Frühjahr in der arktischen Troposphäre durch Chlor oxidiert werden und dass troposphärisches O_3 durch BrO_X-Radikale abgebaut wird. Heterogene Reaktionen mit Chlorid- und Bromidsalzpartikeln könnten eine Quelle für aktives Chlor und Brom sein. Weiter wird vermutet, dass Prozesse, die dem durch Halogenatome eingeleiteten – und bisher nur in der Arktis beobachteten – Abbau von troposphärischem O_3 ähneln auch in anderen Regionen stattfinden könnte. Wahrscheinlich spielt der Abbau von ROG mit Chlor in der globalen Troposphäre und in der maritimen Grenzschicht nur eine untergeordnete Rolle.[31]

Die Entstehung von Aerosolen durch Sonnenstrahlung läuft in der Gegenwart von NO_2 ab. Schätzungsweise 20–60 % des NO_X in der oberen Troposphäre werden durch heterogene Hydrolyse in N_2O_5 umgewandelt. Die Effizienz dieses Vorgangs hängt vom Aggregatzustand des Partikels ab, wobei flüssige Partikel wesentlich besser für die Hydrolyse geeignet sind als feste Partikel.[32]

An dieser Stelle soll erwähnt werden, dass auch in Zeiten ohne Sonnenstrahlung (nachts) chemische Prozesse in der Atmosphäre ablaufen, wobei diese Prozesse durch die Reaktionen von NO_3-Radikalen, N_2O_5 und O_3 bestimmt werden.[33] Der nächtliche Abbau von Terpenen durch Ozon könnte bei der Bildung von Sekundärpartikel effektiver sein als die photochemische Reaktion am Tag.[34]

Labor- und Feldversuche haben gezeigt, dass die Bildung von sekundären Partikeln in der $PM_{0,1}$-Fraktion durch Nukleation in atmosphärischer Luft im Dunkeln langsamer abläuft als mit Sonnenlicht.[35] Außerdem wurde beobachtet, dass ab Sonnenaufgang die Konzentration von H_2SO_4-Partikeln und OH-Radikalen ansteigt, während die Konzentration von Partikeln der $PM_{0,1}$-Fraktion mit einer

---

[31] BARNES, PREVOT, STAEHELIN in GUDERIAN (2000A): Abschn. 3.2.3.3, S. 233, Abs. 2.

[32] KONDRATYEV: Abschn. 4.1.2, S. 190, Abs. 3.

[33] BARNES, PREVOT, STAEHELIN in GUDERIAN (2000A): Abschn. 3.2.3.2, S. 230, Abs. 5.

[34] WARNECK: Abschn. 7.4.2, S. 396, Abs. 1.

[35] WARNECK: Abschn. 7.4.3, S. 389, Abs. 2.

Verzögerung von einer Stunde nacheilte. Deshalb geht man davon aus, dass die zeitliche Verzögerung der Dauer des Nukleationsvorgangs entspricht.[36]

Neben der Strahlung hat auch die Umgebungstemperatur Auswirkungen auf die photochemischen Prozesse in der unteren Troposphäre.[37]

3.1.1.1 Reaktionen bei Sonnenlicht

Die Oxidationsprozesse in der Troposphäre können als zwei verbundene Radikalketten verstanden werden, die durch die Kettenträger NO_X und RO_X gekennzeichnet werden. Die Photolyse von NO_2 initiiert die Reaktionskette, wobei die benötigte Energie durch das Sonnenlicht geliefert wird. Durch Zwischenprodukte der Oxidationskette der reaktiven organischen Gase (ROG) und des CO erfolgt die Reoxidation von NO zu NO_2. Dadurch kommt es zu Abweichungen vom photostationären Zustand sowie zur (Netto-)Bildung von Ozon und anderen Photooxidantien. In der belasteten Troposphäre führt der Abbau von ROG und von CO zur Bildung von O_3 und weiteren Photooxidantien. Der Umsatz der beiden gekoppelten Radikalketten wird in NO_X-reicher Luft durch die Bildung von Salpetersäure (HNO_3) bei der Abbruchreaktion der NO_X-Radikale beschränkt.[38]

I. Reaktionen der NO_X-Gruppe

Das Absorptionsspektrum von NO_2 dehnt sich bis in das sichtbare Spektrum aus. Die Photodissoziation von NO_2 führt zur Bildung von O_3. $O(^3P)$ sind Sauerstoffatome im Grundzustand:[39]

$$NO_2 \xrightarrow{h\nu} NO + O(^3P) \qquad \text{wobei } d[NO]/dt = J_2[NO_2] \qquad (3.2)$$

$$O(^3P) + O_2(+M) \rightarrow O_3 + (+M) \qquad (3.3)$$

Das gebildete Stickstoffmonooxid reagiert schnell wieder mit O_3, wodurch NO_2 gebildet wird:

$$NO + O_3 \xrightarrow{k_4} NO_2 + O_2 \qquad \text{wobei } -d[NO]/dt = k_4[NO][O_3] \qquad (3.4)$$

---

[36] WARNECK: Abschn. 7.4.3, S. 391, Abs. 1.

[37] RAVINA et al.: S. 1, Abs. 1.

[38] BARNES, PREVOT, STAEHELIN in GUDERIAN (2000A): Abschn. 3.2.3.1, S. 229, Abs. 1.

[39] Dies und das Folgende nach BARNES, PREVOT, STAEHELIN in GUDERIAN (2000A): Abschn. 3.2.3.1, S. 223.

Diese Reaktionen definieren ein System, durch das die Bildungs- bzw. Abbauge-
schwindigkeit von NO bestimmt wird. Die Konzentration von O_3 ist dabei so hoch,
dass die Reaktionsgeschwindigkeit nicht berücksichtigt werden muss, da sie sehr
schnell abläuft:

$$d[NO]/dt = +J_2[NO_2] - k_4[NO][O_3]$$

Aufgrund der hohen Reaktionsgeschwindigkeiten stellt sich innerhalb von wenigen
Minuten ein Gleichgewicht ein, bei dem sich die Konzentrationen zeitlich nicht
mehr ändern, d. h. es gilt $d[NO]/dt = 0$. Daraus ergibt sich:

$$J_2/k_4 = [NO][O_3]/[NO_2]$$

Diese Beziehung wird auch als photostationärer Zustand bezeichnet. Er hängt von
der Intensität der Sonnenstrahlung, also von Tageszeit, Jahreszeit, geographischer
Breite und Bewölkung ab.

In der Troposphärenchemie werden folgende Abkürzungen verwendet, wobei die
oxidierten Verbindungen des photostationären Zustandes O_X genannt werden:[40]

$$[NO_X] = [NO] + [NO_2]$$

$$[O_X] = [NO_2] + [O_3]$$

Die Netto-Ozonbildung wird von reaktiven organischen Gasen (ROG), CH_4 und CO
beeinflusst, die RO_X-Radikalkettenreaktionen bilden. Diese Kettenreaktionen bestehen aus photochemischen Startreaktionen, RO_X-Radikalketten sowie Abbruch- oder
Terminationsreaktionen. Zu den RO_X-Radikalen werden die organischen Radikale
neben OH- und HO_2 gezählt. Die Summe aus OH- und HO_2-Radikalen wird als HO_X
bezeichnet. Als Initiatoren der RO_X-Kette werden die nicht-radikalischen Verbindungen bezeichnet, deren Photolyse RO_X-Radikale erst produziert. Die wichtigsten
Reaktionen sind:[41]

a) Photodissoziation von O_3
b) Photolyse von Formaldehyd und anderen Carbonylverbindungen

---

[40] BARNES, PREVOT, STAEHELIN in GUDERIAN (2000A): Abschn. 3.2.3.1, S. 223,
Abs. 5.
[41] BARNES, PREVOT, STAEHELIN in GUDERIAN (2000A): Abschn. 3.2.3.1, S. 224,
Abs. 2.

c) Photolyse von HONO
d) Photolyse von H_2O_2

Im weiteren Verlauf dieses Buches werden die Radikale der RO_X-Kette mit einem
Punkt ($^\bullet$) gekennzeichnet.

I. a) Photodissoziation von O_3

Die Photodissoziation von O_3 ist in der unteren Troposphäre die wichtigste Pho-
tolysereaktion. Durch Wellenlängen unterhalb von 310 nm entstehen elektronisch
angeregte Sauerstoffatome, welche als $O(^1D)$ bezeichnet werden. Die angeregten
Sauerstoffatome reagieren schnell mit H_2O, wobei OH-Radikale gebildet werden:[42]

$$O_3 \xrightarrow{h\upsilon} O(^1D) + O_2 \qquad (\lambda < 310 \text{ nm}) \qquad (3.5)$$

$$O_3 \xrightarrow{h\upsilon} O(^3P) + O_2 \qquad (\lambda: 310 - \text{ca. } 800 \text{ nm}) \qquad (3.6)$$

$$O(^1D) + H_2O \rightarrow 2 \, ^\bullet OH \qquad (3.7)$$

$$O(^1D) + M \rightarrow O(^3P) + M \qquad \text{wobei } M = N_2, O_2 \qquad (3.8)$$

In mittleren Breiten zur Mittagszeit im Sommer hat J_{O3} einen Wert von $1,2 * 10^{-5}$/s
($t_{1/2}$ ca. 1,6 h). Die Photolyse von O_3 bei Wellenlängen zwischen 310 nm und
ca. 800 nm führt zur Bildung von Sauerstoffatomen im Grundzustand, welche als
$O(^3P)$ bezeichnet werden. In der Troposphärenchemie ist diese Reaktion nicht von
Bedeutung.[43]

I. b) Photolyse von Formaldehyd und anderen Carbonylverbindungen

Die Photolyse von Formaldehyd und anderen Carbonylverbindungen führt zur
Bildung von HO_2-Radikalen:[44]

$$HCHO \xrightarrow{h\upsilon} {}^\bullet H + {}^\bullet HCO \quad (\lambda \leq 360 \text{ nm}) \qquad (3.9)$$

---

[42] BARNES, PREVOT, STAEHELIN in GUDERIAN (2000A): Abschn. 3.2.3.1, S. 224,
Abs. 4.
[43] BARNES, PREVOT, STAEHELIN in GUDERIAN (2000A): Abschn. 3.2.3.1, S. 225,
Abs. 1.
[44] BARNES, PREVOT, STAEHELIN in GUDERIAN (2000A): Abschn. 3.2.3.1, S. 226,
Abs. 1.

$$^\bullet H + O_2 (+M) \rightarrow {}^\bullet HO_2 (+M) \qquad (3.10)$$

$$^\bullet HCO + O_2 \rightarrow {}^\bullet HO_2 + CO \qquad (3.11)$$

Bei der Reaktion von Carbonylverbindungen und NO entstehen OH-Radikale:[45]

$$NO + {}^\bullet HO_2 \rightarrow NO_2 + {}^\bullet OH \qquad (3.12)$$

In mittleren Breiten zur Mittagszeit im Sommer hat J_{HCHO} einen Wert von $2,3 * 10^{-5}$/s ($t_{1/2}$ ca. 8,3 h). Aldehyde und Ketone sind wegen ihrer geringen Quantenausbeute, der kleinen Absorptionsquerschnitte und den niedrigen Konzentrationen für die Chemie der unteren Troposphäre von geringer Bedeutung. Ausgenommen davon sind Alpha-Dicarbonyle, welche beim Abbau von aromatischen Verbindungen entstehen. In der oberen Troposphäre ist Aceton ein wichtiger Initiator.[46]

I. c) Photolyse von HONO
Bei hohen NO_X-Konzentrationen kann die Photolyse von HONO eine wichtige Quelle von OH-Radikalen sein:[47]

$$HONO \xrightarrow{h\nu} {}^\bullet OH + NO \quad (\lambda \leq 390 \text{ nm}) \qquad (3.13)$$

I. d) Photolyse von H_2O_2
Durch Abbruchreaktionen wird der Umsatz der RO_X-Radikale begrenzt. Es wird unter anderem Wasserstoffperoxid (H_2O_2) gebildet:[48]

$$^\bullet HO_2 + {}^\bullet HO_2 (+M) \rightarrow H_2O_2 + O_2 (+M) \qquad (3.14)$$

---

[45] BARNES, PREVOT, STAEHELIN in GUDERIAN (2000A): Abschn. 3.2.3.1, S. 226, Abs. 1.

[46] BARNES, PREVOT, STAEHELIN in GUDERIAN (2000A): Abschn. 3.2.3.1, S. 226, Abs. 3.

[47] BARNES, PREVOT, STAEHELIN in GUDERIAN (2000A): Abschn. 3.2.3.1, S. 226, Abs. 4.

[48] BARNES, PREVOT, STAEHELIN in GUDERIAN (2000A): Abschn. 3.2.3.1, S. 228, Abs. 6.

Während der Photolyse des entstandenen H_2O_2 werden OH-Radikale gebildet:[49]

$$H_2O_2 \xrightarrow{h\upsilon} 2\ ^\bullet OH \quad (\lambda \leq 340\ nm) \tag{3.15}$$

In mittleren Breiten zur Mittagszeit im Sommer hat J_{H2O2} einen Wert von $6,7 * 10^{-6}/s$ ($t_{1/2}$ ca. 29 h).[50]

II. RO_X-Radikalkette
OH-Radikale sind die wichtigsten Oxidationsmittel in der Troposphäre. Sie oxidieren die meisten flüchtigen organischen Spurenstoffe und viele anorganische Spurenstoffe. Die Stoffe, welche die RO_X-Radikale (Kettenträger) ineinander überführen, werden Promotoren genannt. Die OH-Radikale leiten Reaktionsabläufe mit den reaktiven organischen Gasen (ROG), CH_4, und CO ein, die vereinfacht einem analogen Ablauf folgen, der im Folgenden dargestellt wird.[51]

Die OH-Radikale abstrahieren ein H-Atom von gesättigten Verbindungen (R steht für einen beliebigen organischen Rest):[52]

$$^\bullet OH + CH_3R \rightarrow H_2O + {}^\bullet CH_3R \tag{3.16}$$

oder sie addieren an Doppelbindungen:

$$^\bullet OH + R_1R_2C = CR_3R_4(+M) \rightarrow R_1R_2C(OH) - {}^\bullet CR_3R_4(+M) \tag{3.17}$$

Wenn die OH-Radikale an Doppelbindungen addieren, entstehen Beta-Hydroxialkylradikale. R_1 bis R_4 können H-Atome, Alkylgruppen (C_nH_{2n+1}) oder komplexere organische Einheiten sein. Durch die Reaktion dieser organischen Radikale mit O_2 werden Peroxiradikale gebildet:

$$^\bullet CH_2R + O_2(+M) \rightarrow {}^\bullet O - O - CH_2R(+M) \tag{3.18}$$

bzw.

---

[49] BARNES, PREVOT, STAEHELIN in GUDERIAN (2000A): Abschn. 3.2.3.1, S. 226, Abs. 4.

[50] BARNES, PREVOT, STAEHELIN in GUDERIAN (2000A): Abschn. 3.2.3.1, S. 226, Abs. 5.

[51] BARNES, PREVOT, STAEHELIN in GUDERIAN (2000A): Abschn. 3.2.3.1, S. 226, Abs. 6.

[52] Dies und das Folgende nach BARNES, PREVOT, STAEHELIN in GUDERIAN (2000A): Abschn. 3.2.3.1, S. 227.

$$R_1R_2C(OH) - {}^\bullet CR_3R_4 + O_2(+M) \rightarrow R_1R_2C(OH)$$
$$-C(O - O^\bullet)R_3R_4(+M) \tag{3.19}$$

Durch eine Sauerstoffaustauschreaktion zwischen den Peroxiradikalen und NO entstehen organische Oxiradikale ($RO^\bullet$) und NO_2, wenn die Troposphäre mit Stickoxiden belastet ist:

Reaktionskanal A:

$$NO + {}^\bullet O - O - CH_2R \rightarrow NO_2 + {}^\bullet O - CH_2R \tag{3.20}$$

Reaktionskanal B:

$$NO + {}^\bullet O - O - CH_2R(+M) \rightarrow RCH_2ONO_2(+M) \tag{3.21}$$

Reaktionskanal A ist von größerer Bedeutung, da die produzierten RCH_2O-Radikale schnell mit O_2 reagieren. Dabei entstehen Aldehyde und Hydroperoxiradikale (${}^\bullet HO_2$):

$$RCH_2 - O^\bullet + O_2 \rightarrow RCH = O + {}^\bullet HO_2 \tag{3.22}$$

Die Oxidation von CO führt zu Hydroperoxiradikalen:

$$CO + {}^\bullet OH \rightarrow CO_2 + {}^\bullet H \tag{3.22}$$

$${}^\bullet H + O_2(+M) \rightarrow {}^\bullet HO_2(+M) \tag{3.23}$$

Die HO_2-Radikale aus den bereits genannten Reaktionen wandeln NO in NO_2 um, wobei wieder OH-Radikale gebildet werden und die RO_X-Radikalkette geschlossen wird. Außerdem reagiert (${}^\bullet HO_2$) mit O_3, wodurch ebenfalls OH-Radikale entstehen:[53]

$$NO + {}^\bullet HO_2 \rightarrow NO_2 + {}^\bullet OH \tag{3.24}$$

$${}^\bullet HO_2 + O_3 \rightarrow {}^\bullet OH + 2O_2 \tag{3.25}$$

---

[53] BARNES, PREVOT, STAEHELIN in GUDERIAN (2000A): Abschn. 3.2.3.1, S. 228, Abs. 2.

Die Aldehyde, die im Laufe der RO_X-Kette gebildet werden, führen entweder zur Bildung von HO_X-Radikalen oder sie folgen einer Reaktionssequenz, die analog zur Oxidation der Alkane ist:[54]

$$RCH = O + OH^\bullet \rightarrow RC^\bullet = O + H_2O \qquad (3.26)$$

$$RC^\bullet = O + O_2(+M) \rightarrow RC(O) = O - O^\bullet(+M) \qquad (3.27)$$

$$RC(O)O - O^\bullet + NO \rightarrow RC(O) - O^\bullet + NO_2 \qquad (3.28)$$

Die Abspaltung von CO_2 bei der Reaktion von Acyloxiradikalen und O_2, führt zu einer organischen Verbindung, die dem bereits erwähnten Reaktionskanal A folgt:

$$RC(O) - O^\bullet + O_2 \rightarrow R' - O - O^\bullet + CO_2 \qquad (3.29)$$

In einigen Reaktionen wird NO zu NO_2 oxidiert. Das entstandene NO_2 wird jedoch durch Photolyse schnell wieder zu NO und $O(^3P)$ umgewandelt. Das entstandene $O(^3P)$ führt zur (Netto-)Ozonproduktion.

Die Umsätze der RO_X-Radikalkette werden durch die Abbruchreaktionen begrenzt. Die wichtigsten Abbruchreaktionen sind die Bildung von Salpetersäure (HNO_3), Wasserstoffperoxid (H_2O_2) und organischen Peroxiden:

$$^\bullet OH + NO_2(+M) \rightarrow HNO_3(+M) \qquad (3.30)$$

$$^\bullet HO_2 + {}^\bullet HO_2(+M) \rightarrow H_2O_2 + O_2(+M) \qquad (3.31)$$

$$RCH_2 - O - O^\bullet + {}^\bullet HO_2(+M) \rightarrow RCH_2 - O - O - H + O_2(+M) \qquad (3.32)$$

3.1.1.2 Oxidationsprozesse in der Nacht

Die chemischen Prozesse in der Gasphase der nächtlichen Troposphäre werden durch die Reaktionen von NO_3-Radikalen, N_2O_5 und O_3 bestimmt.[55] NO_3 ist ein

---

[54] Dies und das Folgende nach BARNES, PREVOT, STAEHELIN in GUDERIAN (2000A): Abschn. 3.2.3.1, S. 228.

[55] Dies und das Folgende nach BARNES, PREVOT, STAEHELIN in GUDERIAN (2000A): Abschn. 3.2.3.2, S. 230.

starkes Oxidationsmittel und reagiert wesentlich spezifischer als OH-Radikale. In der Atmosphäre werden Nitratradikale (NO_3) fast ausschließlich durch die Reaktion von NO_2 und O_3 gebildet:

$$NO_2 + O_3 \rightarrow NO_3 + O_2 \tag{3.33}$$

Zwischen NO_3, NO_2 und N_2O_5 bildet sich schnell ein Gleichgewicht:

$$NO_3 + NO_2(+M) \leftrightarrow N_2O_5(+M) \tag{3.34}$$

Die Konzentrationen von NO_3 und N_2O_5 in der Atmosphäre sind durch das Gleichgewicht miteinander verknüpft. Die Konzentration der Nitratradikale am Tage ist aufgrund folgender Reaktionen relativ niedrig:

$$NO_3 \xrightarrow{h\nu} NO_2 + O \quad (\lambda \leq 580 \text{ nm}) \tag{35a}$$

$$\xrightarrow{h\nu} NO + O_2 \quad (\lambda \leq 580 \text{ nm}) \tag{35b}$$

$$NO_3 + NO \rightarrow 2NO_2 \tag{3.36}$$

Unter wolkenlosem Himmel und einem Zenitwinkel von 90° beträgt die photolytische Lebensdauer eines NO_3-Radikals nur ca. 5 s. Bei einer NO-Konzentration von 0,4 ppb ist die Lebensdauer von NO_3 wegen der sehr schnellen Reaktion mit NO ebenfalls auf ca. 5 s begrenzt. Aufgrund dieser kurzen Lebenszeit beträgt die Konzentration von NO_3 am Tage meist weniger als 0,1 ppt. In der Nacht entfällt die direkte Photolyse von NO_3 und die Reaktion von NO_3 und NO läuft sehr langsam, da die NO-Konzentration gering ist – aufgrund der Oxidation von NO durch O_3 zu NO_2.[56]

In H-Abstraktionsreaktionen reagiert das NO_3-Radikal mit Alkanen und Aldehyden zu reaktiven organischen Radikalen und HNO_3:[57]

$$RH + NO_3 \rightarrow {}^{\bullet}R + HNO_3 \tag{3.37}$$

[56] BARNES, PREVOT, STAEHELIN in GUDERIAN (2000A): Abschn. 3.2.3.2, S. 230, Abs. 4.

[57] BARNES, PREVOT, STAEHELIN in GUDERIAN (2000A): Abschn. 3.2.3.2, S. 231, Abs. 1.

$$RCHO + NO_3 \rightarrow ^\bullet RCO + HNO_3 \qquad (3.38)$$

Aus den Reaktionen von NO_3 mit ungesättigten ROG entstehen organische Nitrate und Aldehyde:[58]

$$R - CH = CH - R + NO_3(+M) \rightarrow \qquad (3.39)$$

$$R - ^\bullet CH - CH(ONO)_2 - R(+M)$$

$$R - ^\bullet CH - CH(ONO_2) - R + O_2(+M) \rightarrow \qquad (3.40)$$

$$R - CH\left(O_2^\bullet\right) - CH(ONO_2) - R(+M)$$

$$R - CH\left(O_2^\bullet\right) - CH(ONO_2) - R + NO_x \rightarrow \qquad (3.41)$$

Produkte: $R - CH(ONO_2) - CH(ONO_2) - R$:Dinitrate   (3.41a)

$R - CO - CH(ONO_2) - R$:Ketonitrate   (3.41b)

$R - CH(OH) - CH(ONO_2) - R$:Hydroxinitrate   (3.41c)

$RCHO$:Aldehyde   (3.41d)

Es gibt Hinweise darauf, dass in der Nacht OH-Radikale durch die Reaktion von NO_3 und ($^\bullet HO_2$) gebildet werden:

$$^\bullet HO + NO_3 \rightarrow ^\bullet HO + NO_2 + O_2 \qquad (3.42)$$

---

[58] Dies und das Folgende nach BARNES, PREVOT, STAEHELIN in GUDERIAN (2000A): Abschn. 3.2.3.2, S. 231.

Nach Einsetzen der Dunkelheit steigt die NO_3-Konzentration zunächst schnell an, nimmt danach aber viel langsamer zu. Der Verlauf der nächtlichen NO_3-Konzentration ist noch nicht vollständig geklärt. Es ist unklar, ob die NO_3-Chemie der nächtlichen Troposphäre noch durch unbekannte Prozesse ergänzt werden muss.[59]

3.1.2 Stratosphäre

Die Stratosphäre unterscheidet sich anhand folgender Merkmale von der Troposphäre:[60]

- Die Dichte der Stratosphäre ist wesentlich geringer.
- Die solare Strahlung, die auf die Stratosphäre eintrifft, ist intensiver, energiereicher und hat ein breiteres Spektrum.
- Troposphäre und Stratosphäre sind dynamisch voneinander entkoppelt, weshalb nur langlebige Spurengase in die Stratosphäre aufsteigen, wie z. B. H_2O, N_2O, CH_4 und FCKW.
- In der Stratosphäre ist die Anzahl der chemischen Komponenten wesentlich geringer.
- Die Komplexität der stratosphärischen Chemie ist auf einfachere Verbindungen begrenzt.
- Die Stratosphäre enthält eine Ozonschicht, die z. B. starken Einfluss auf die Absorption von kurzwelliger Strahlung sowie auf die thermische Struktur und Dynamik hat.

Die untere Grenze der Stratosphäre hängt von der geographischen Breite ab und beginnt am Äquator bei einer Höhe von 8 km, bzw. an den Polen bei einer Höhe von 18 km. Die obere Grenze der Stratosphäre liegt einheitlich in einer Höhe von ca. 50 km. An der unteren Grenze hat die Stratosphäre eine Temperatur von ca. 180 bis 200 K. Die Temperatur steigt mit zunehmender Höhe auf ca. 270 K an.[61] Die solare Aufheizung findet nur am Tag statt, wohingegen die Kühlung durch adiabatische Expansion und Infrarotabstrahlung unabhängig vom Sonnenstand ist. Deshalb ist die Temperatur in der Stratosphäre starken tages- und

---

[59] BARNES, PREVOT, STAEHELIN in GUDERIAN (2000A): Abschn. 3.2.3.2, S. 232, Abs. 2.

[60] ZELLNER in GUDERIAN (2000A): Abschn. 3.3.1, S. 342, Abs. 1.

[61] ZELLNER in GUDERIAN (2000A): Abschn. 3.3.2, S. 343, Abs. 1.

jahreszeitlichen Schwankungen unterworfen: In längeren Dunkelperioden, z. B. im Winter an den Polen, und in der Tropopause über den Tropen werden mit ca. 180 K die niedrigsten Temperaturen erreicht.[62]

Die Mehrheit der chemischen Reaktionen benötigen eine Aktivierungsenergie für ihren Ablauf. Die Gegebenheiten in der Stratosphäre reichen jedoch nicht aus, um thermische Aktivierungsenergie zu liefern, weshalb die meisten Reaktionen über Radikale ablaufen. Die Radikale stammen entweder aus photochemischen Prozessen oder aus Reaktionen mit der Beteiligung anderer Radikale.[63]

Die Chemie der Stratosphäre ist eine Chemie der Spurengase. Die Hauptbestandteile der Atmosphäre werden erst in Luftschichten oberhalb der Stratosphäre von der kosmischen bzw. der solaren Strahlung ionisiert und gehen dort Ionenaktionen ein.[64]

Ozon absorbiert in der mittleren und unteren Stratosphäre alle Strahlung im Wellenlängenbereich von 200 bis 300 nm.[65] Im sog. Schumann-Kontinuum in der Mesosphäre wird der Wellenlängenbereich unterhalb einer Wellenlänge von 180 nm durch O_2 praktisch vollständig absorbiert. Für die Photochemie der Spurengase ist der Wellenlängenbereich zwischen 200 und 220 nm von besonderer Bedeutung, da die energiereichen Photonen dieses Wellenlängenbereichs bis zu einer Höhe von ca. 30 km in die Stratosphäre eindringen.[66]

Die Zusammensetzung der Stratosphäre ist hinsichtlich ihrer Hauptgase N_2, O_2, Argon sowie CO_2 konstant. Die Mischungsverhältnisse anderer Spurengase (z. B. O_3, H_2O, CH_4, FCKW) hingegen zeigen teilweise eine deutliche Höhenabhängigkeit und komplexe Variabilität aufgrund ihrer photochemischen Eigenschaften.[67] Die Spurengase N_2O, H_2O, CH_4 und CO werden aus der Troposphäre eingetragen und erreichen das größte Mischungsverhältnis in der unteren Stratosphäre. Mit zunehmender Höhe nimmt das Mischungsverhältnis dieser Spurengase aufgrund ihres photochemischen Abbaus ab. Dies gilt nicht für Spurengase, wie z. B. O_3, NO, NO_2, HNO_3, HCl, ClO und $ClONO_2$, da diese entweder direkt photochemisch oder durch chemische Reaktionen in der Stratosphäre gebildet werden.[68] Besonders ausgeprägt ist die Höhenabhängigkeit der

[62] ZELLNER in GUDERIAN (2000A): Abschn. 3.3.2, S. 343, Abs. 2.

[63] ZELLNER in GUDERIAN (2000A): Abschn. 3.3.4, S. 349, Abs. 2.

[64] ZELLNER in GUDERIAN (2000A): Abschn. 3.3.4, S. 349, Abs. 1.

[65] ZELLNER in GUDERIAN (2000A): Abschn. 3.3.1, S. 342, Abs. 3.

[66] ZELLNER in GUDERIAN (2000A): Abschn. 3.3.4, S. 350, Abs. 1.

[67] ZELLNER in GUDERIAN (2000A): Abschn. 3.3.1, S. 342, Abs. 2.

[68] ZELLNER in GUDERIAN (2000A): Abschn. 3.3.2, S. 344, Abs. 3.

Mischungsverhältnisse der Radikale OH und HO_2, die mit zunehmender Höhe um mehrere Größenordnungen zunimmt.[69] Durch die Bildung von freien Radikalen (z. B. OH, NO, Br und Cl) aus Spurengasen durch chemische oder photochemische Prozesse entstehen sog. katalytische Zyklen.[70] Im Rahmen dieser Zyklen entstehen Reservoirverbindungen. Aus diesen Reservoirverbindungen bilden sich – sind die Temperaturen tief genug – flüssige oder feste Partikel, wobei H_2O, H_2SO_4 und HNO_3 die häufigsten Komponenten sind. HCl und HBr können ebenfalls in flüssigen Partikeln gelöst bzw. an der Oberfläche fester Partikel adsorbiert werden. Die Zusammensetzung der Partikel ermöglicht Hydrolyse- und Disproportionierungsreaktionen.[71]

In den nachfolgenden Unterpunkten werden die homogenen Gasphasenreaktionen und die photochemischen Prozesse in der Stratosphäre beschrieben.

3.1.2.1 Chemie der katalytischen Zyklen

Aus Spurengasen wie H_2O, N_2O, FCKW oder Halonen werden durch chemische oder photochemische Prozesse freie Radikale wie OH, NO, Cl oder Br gebildet. Durch diese freien Radikale wird die Ozon-Konzentration gesenkt. Dabei umfasst die Chemie der katalytischen Zyklen Reaktionen, die zwischen den Katalysatoren und Ozon, aber auch zwischen den Katalysatoren selbst stattfinden.[72]

Die Quellgase für die Katalysatoren sind:[73]

- OH: H_2O, CH_4, H_2
- NO: N_2O
- Cl: FCKW-11, -12, -22, -113, CH_3CCl_3, CCl_4, CH_3Cl
- Br: Halon 1211, Halon 1301, CH_3Br

Die Quellgase der HO_X-Katalysatoren (H_2O, CH_4) haben mit Abstand die höchste Konzentration.[74] N_2O ist das bedeutendste Quellgas für NO_X-Katalysatoren. FCKW, CHF_2Cl, CH_3Cl und CH_3CCl sind die wichtigsten Quellgase für ClO_X-Katalysatoren, wovon nur CH_3Cl auch von biogenen maritimen Quellen emittiert wird und ansonsten ausschließlich anthropogene Quellen für die Emissionen verantwortlich sind. Die Quellgase der BrO_X-Katalysatoren

[69] ZELLNER in GUDERIAN (2000A): Abschn. 3.3.2, S. 345, Abs. 1.

[70] ZELLNER in GUDERIAN (2000A): Abschn. 3.3.4.2, S. 352, Abs. 1.

[71] ZELLNER in GUDERIAN (2000A): Abschn. 3.3.5.2, S. 366, Abs. 1.

[72] ZELLNER in GUDERIAN (2000A): Abschn. 3.3.4.2, S. 352, Abs. 1.

[73] ZELLNER in GUDERIAN (2000A): Abschn. 3.3.4.3, S. 363, Tab. 3.3-2.

[74] ZELLNER in GUDERIAN (2000A): Abschn. 3.3.4.3, S. 363, Abs. 2.

Halon 1211 und Halon 1301 sind ausschließlich anthropogenen Ursprungs. Nur Methylbromid (CH_3Br) wird sowohl von anthropogenen Quellen, z. B. Entkeimungsmittel, als auch von natürlichen Quellen, wie z. B. Ozeane und Vegetationsbrände, emittiert.[75]

Der Chapman-Zyklus beschreibt die Bildung und den Verbrauch des Ozons in einer (hypothetischen) reinen Sauerstoffatmosphäre:[76]

$$O_2 \xrightarrow{h\nu} 2O(^3P) \quad (\lambda \leq 242 \text{ nm}) \tag{3.43}$$

$$O(^3P) + O_2 + M \rightarrow O_3 + M \tag{3.44}$$

$$O_3 \xrightarrow{h\nu} O_2 + (^3P,^1D) \quad (\lambda \leq 850 \text{ nm}) \tag{3.45}$$

$$O(^3P) + O_3 \rightarrow 2O_2 \tag{3.46}$$

Bei den katalytischen Zyklen wird in einer Sequenz von zwei Reaktionen die Ozon-verbrauchende Reaktion des Chapman-Zyklus beschleunigt:[77]

$$X + O_3 \rightarrow XO + O_2 \tag{3.47}$$

$$\text{Zyklus 1:} \quad O + XO \rightarrow X + O_2 \tag{3.48}$$

$$\text{netto:} \quad O + O_3 \rightarrow 2O_2 \tag{3.49}$$

Dafür ist erforderlich, dass der Katalysator X eine genügend schnelle Reaktion mit Ozon eingeht und dass die Kette oft genug durchlaufen wird, bevor der Katalysator in einer anderen Reaktion verbraucht wird. Je nach Katalysator kann die Kettenlänge dabei 7 (OH), 80 (NO) und $1,3 * 10^3$ (Cl und Br) betragen.

Durch Feldmessungen und Modellrechnungen sind der HO_X-Zyklus (X = OH, XO = HO_2), der NO_X-Zyklus (X = NO, XO = NO_2), der ClO_X-Zyklus (X = Cl, XO = ClO) und der BrO_X-Zyklus überzeugend betätigt. Aufgrund des möglichen Eintrags von biogenen Iod-Verbindungen, wie z. B. CH_3I, CH_2I_2 u. a., wurde

---

[75] ZELLNER in GUDERIAN (2000A): Abschn. 3.3.4.3, S. 364, Abs. 2 bis 4.
[76] ZELLNER in GUDERIAN (2000A): Abschn. 3.3.4.1, S. 351, Abs. 1.
[77] Dies und das Folgende nach ZELLNER in GUDERIAN (2000A): Abschn. 3.3.4.2, S. 353.

auch ein IO_X-Zyklus ($X = I$, $XO = IO$) vorgeschlagen, der jedoch noch nicht durch Feldbeobachtungen bestätigt ist.

Für jeden Katalysator gibt es eigene Quell- und Verbrauchsmechanismen. Die Effizienz in der Ozonstörung eines Katalysators hängt von dessen Konzentration und von der Höhe, in welcher der Katalysator freigesetzt wird, ab.[78]

O_X *(ungerader Sauerstoff)* bezeichnet die Summe aus Sauerstoffatomen und Ozon. Fast alle Katalysezyklen erzeugen lokale O_X-Abbauraten, die deutlich höher sind als die des Chapman-Zyklus.[79] Oberhalb einer Höhe von ca. 30 km bewirkt der Katalysator NO_X einen Verbrauch von O_X. In tieferen Regionen folgt auf den ersten Reaktionsschritt die Photolyse von NO_2 und O_X bleibt unbeeinflusst. In Photosmog-Reaktionen wird NO zu NO_2 oxidiert, ohne dass O_3 daran beteiligt ist. In diesem Fall ist NO_X ein O_X-Produzent.[80] Der Katalysator HO_X kann – im Gegensatz zu allen anderen Katalysatoren – Ozon in einer Reaktionsfolge abbauen, an der Sauerstoffatome nicht beteiligt sind:

$$OH + O_3 \rightarrow HO_2 + O_2 \qquad (3.50)$$

$$HO_2 + O_3 \rightarrow OH + 2O_2 \qquad (3.51)$$

$$netto: \ 2O_3 \rightarrow 3O_2 \qquad (3.52)$$

Dieser Zyklus ist in allen Regionen dominant, in welchen die Konzentration von Sauerstoffatomen so gering ist, dass die Reaktionen von Sauerstoffatomen vernachlässigbar sind.

a) HO_X-Zyklus

Die Hauptquellprozesse von HO_X sind die Reaktionen von $O(^1D)$-Atomen mit H_2O, CH_4 und H_2 in der Stratosphäre:[81]

$$O\left(^1D\right) + H_2O \rightarrow 2\,OH \qquad (3.53)$$

$$O\left(^1D\right) + CH_4 \rightarrow OH + CH_3 \qquad (3.54)$$

---

[78] ZELLNER in GUDERIAN (2000A): Abschn. 3.3.4.2, S. 353, Abs. 3.

[79] ZELLNER in GUDERIAN (2000A): Abschn. 3.3.4.2, S. 353, Abs. 3.

[80] Dies und das Folgende nach ZELLNER in GUDERIAN (2000A): Abschn. 3.3.4.2, S. 354.

[81] ZELLNER in GUDERIAN (2000A): Abschn. 3.3.4.2.1, S. 355, Abs. 2.

$$O\left(^{1}D\right) + H_2 \rightarrow OH + H \tag{3.55}$$

Das Peroxyl-Radikal (HO_2) entsteht bei folgender Reaktion:[82]

$$H + O_2 + M \rightarrow HO_2 + M \tag{3.56}$$

$O(^{1}D)$ ist das elektronisch angeregte, metastabile Sauerstoffatom. M ist ein inerter Stoßpartner, über den die Rekombinationsenergie abgeführt wird, um das Radikal thermisch zu stabilisieren.[83] H_2O ist die dominierende HO_X-Quelle.[84]

Die direkte Reaktion zwischen den beiden HO_X-Katalysatoren ist die stärkste Abbruchreaktion. In tieferen Regionen wird dabei H_2O_2 als Zwischenprodukt gebildet, was aber durch Photolyse schnell wieder dissoziiert.[85]

Wichtige Reservoirverbindungen sind die Rekombinationsprodukte H_2O_2, NO_2, Salpetersäure (HNO_3) und Peroxosalpetersäure (HNO_4):[86]

$$OH + NO_2 + M \rightarrow HNO_3 + M \tag{3.57}$$

$$HO_2 + NO_2 + M \rightarrow HNO_4 + M \tag{3.58}$$

Aus HNO_X kann HO_X photochemisch zurückgebildet werden. Nur bei der Folge-reaktion von OH-Radikalen mit HNO_3 bzw. HNO_4 gehen OH-Radikale verloren:[87]

$$OH + HNO_3 \rightarrow H_2O + NO_3 \tag{3.59}$$

$$OH + HNO_4 \rightarrow H_2O + NO_2 + O_2 \tag{3.60}$$

Daneben sind salpetrige Säure (HONO), Wasserstoffperoxid (H_2O_2), hypochlorige Säure (HOCl), Wasser (H_2O) und Wasserstoff (H) an dem HO_X-Zyklus beteiligt.

---

[82] ZELLNER in GUDERIAN (2000A): Abschn. 3.3.4, S. 351, Abs. 2.

[83] ZELLNER in GUDERIAN (2000A): Abschn. 3.3.4, S. 351, Abs. 2.

[84] ZELLNER in GUDERIAN (2000A): Abschn. 3.3.4.2.1, S. 355, Abs. 3.

[85] ZELLNER in GUDERIAN (2000A): Abschn. 3.3.4.2.1, S. 356, Abs. 2 bis 3.

[86] ZELLNER in GUDERIAN (2000A): Abschn. 3.3.4.2.1, S. 356, Abs. 4.

[87] ZELLNER in GUDERIAN (2000A): Abschn. 3.3.4.2.1, S. 357, Abs. 1.

b) NO_X-Zyklus

Die stärkste Quelle für NO_X ist die Reaktion von $O(^1D)$ Atomen mit NO_2 bei einer Ausbeute von 58 % NO:[88]

$$O(^1D) + N_2O \rightarrow 2\,NO \tag{3.61a}$$

$$\rightarrow N_2 + O_2 \tag{3.61b}$$

Bei der direkten Photolyse von NO_2 hingegen kommt es nicht zur Bildung von NO.

$$N_2O \xrightarrow{h\nu} N_2 + O(^1D) \quad (\lambda \leq 200\ nm) \tag{3.62}$$

Die troposphärische NO-Produktion durch Flugverkehr und Blitze hat keinen Einfluss auf die stratosphärische NO-Bilanz.

Unterhalb von 30 km Höhe wird der NO_X-Zyklus praktisch unbedeutend, da die Konzentration des benötigten Sauerstoffs abnimmt und nicht mehr mit der Photolyse von NO_2 konkurrieren kann. Die Umwandlung von NO zu NO_2 kann auch ohne die Beteiligung von O_3 stattfinden und durch andere Peroxyl-Radikale (HO_2, RO_2) verursacht werden:[89]

$$NO + HO_2 \rightarrow NO_2 + OH \tag{3.63}$$

$$NO + RO_2 \rightarrow NO_2 + RO \tag{3.64}$$

NO und NO_2 moderieren die Effizienz anderer Katalysatoren, wie z. B. HO_X, ClO_X und BrO_X, aufgrund der schnellen Rekombinationsreaktionen mit diesen Katalysatoren:

$$OH + NO + M \rightarrow HONO + M \tag{3.65}$$

$$OH + NO_2 + M \rightarrow HNO_3 + M \tag{3.66}$$

---

[88] Dies und das Folgende nach ZELLNER in GUDERIAN (2000A): Abschn. 3.3.4.2.2, S. 357.

[89] Dies und das Folgende nach ZELLNER in GUDERIAN (2000A): Abschn. 3.3.4.2.2, S. 358.

$$HO_2 + NO_2 + M \rightarrow HNO_4 + M \tag{3.67}$$

$$ClO + NO_2 + M \rightarrow ClONO_2 + M \tag{3.68}$$

$$BrO + NO_2 + M \rightarrow BrONO_2 + M \tag{3.69}$$

Die entstehenden Produkte sind photochemisch instabil bzw. haben Folgereaktionen mit OH (HONO, HNO_3, HNO_4), dienen aber als temporärer Speicher für die Gesamtaktivität der Katalysatoren. Aufgrund der niedrigen Photolyserate von Salpetersäure wächst ihre Konzentration so weit an, dass sie die Konzentration von Gesamt-NO_X übersteigt, weshalb HNO_3 die wichtigste Verbindung ist, über die NO_X aus der Stratosphäre in die Troposphäre transportiert und anschließend durch Regen ausgewaschen wird.[90]

Neben der homogenen Gasphasenchemie gibt es noch den Weg der Bildung von HNO_3 aus N_2O_5 in Gegenwart von flüssigem Wasser:[91]

$$N_2O_5(g) + H_2O(s) \rightarrow 2HNO_3(s) \tag{3.70}$$

Das N_2O_5 entsteht durch Oxidation von NO_2 in Gegenwart von Ozon:

$$NO_2 + O_3 \rightarrow NO_3 + O_2 \tag{3.71}$$

$$NO_2 + NO_3 + M \rightarrow N_2O_5 + M \tag{3.72}$$

Die Reaktion von NO_2 mit Ozon ist wegen der hohen Photolyserate von NO_2 nur in der Nacht effizient, weshalb die Bildung von N_2O_5 und die heterogene HNO_3-Produktion nur nachts möglich ist.

c) ClO_X- und BrO_X-Zyklus

ClO_X- und BrO_X-Radikale haben hologenierte organische Verbindungen, wie z. B. CH_3Cl (Methylchlorid), CHF_2Cl (HFCKW-22), $CFCl_3$ (FCKW-11), CF_2Cl_2 (FCKW-12), CCl_4 (Tetrachlorkohlenwasserstoff), CH_3CCl_3 (Methylchloroform), bzw. CH_3Br (Methylbromid), $CFClBr$ (Halon-1211), CF_3Br (Halon-1301) als

---

[90] ZELLNER in GUDERIAN (2000A): Abschn. 3.3.4.2.2, S. 359, Abs. 2.
[91] Dies und das Folgende nach ZELLNER in GUDERIAN (2000A): Abschn. 3.3.4.2.2, S. 359.

Quellgase.[92] Unter den vollhalogenierten Verbindungen erfolgt die Freisetzung der Halogene vornehmlich durch direkte Photolyse:[93]

$$CY_3X \xrightarrow{h\nu} CY_3 + X \quad (Y = F, Cl; X = Cl, Br; \lambda \leqslant 220(Cl)$$
$$bzw, 260(Br) nm) \tag{3.73}$$

Oder durch Reaktion mit $O(^1D)$-Atomen:

$$CY_3X + O(^1D) \rightarrow CY_3O + X \quad (Y = F, Cl; X = Cl, Br) \tag{3.74a}$$

$$\rightarrow CY_3 + XO \tag{3.74b}$$

Wasserstoffhaltige Quellgase, wie z. B. CH_3Cl, CH_3Br, CHF_2Cl oder CH_3CCl_3, werden hauptsächlich durch Reaktion mit OH-Radikalen oxidiert:

$$CH_3X + OH \rightarrow H_2O + CH_2X \tag{3.75}$$

Aus dem halogenierten Alkylradikal (CH_2X) wird das Halogen wie folgt freigesetzt:

$$CH_2X + O_2 + M \rightarrow CH_2XO_2 + M \tag{3.76}$$

$$CH_2XO_2 + NO \rightarrow CH_2XO + NO_2 \tag{3.77}$$

$$CH_2XO + M \rightarrow CH_2O + X + M \tag{3.78}$$

Für die Oxidation von vollhalogenierten Alkylradikalen gelten entsprechende Mechanismen.

Die Komplexität des ClO_X-Zyklus und des BrO_X-Zyklus entsteht durch die Vielzahl der Kopplungs- und Senkenreaktionen zwischen den Radikalen X und XO (X = Cl, Br) und anderen Spurengasen:[94]

$$XO + NO \rightarrow X + NO_2 \tag{3.79}$$

---

[92] ZELLNER in GUDERIAN (2000A): Abschn. 3.3.4.3.2, S. 359, Abs. 1.

[93] Dies und das Folgende nach ZELLNER in GUDERIAN (2000A): Abschn. 3.3.4.3.2, S. 360.

[94] ZELLNER in GUDERIAN (2000A): Abschn. 3.3.4.3.2, S. 361, Abs. 2.

$$XO + OH \rightarrow X + HO_2 \tag{3.80}$$

$$XO + NO_2 + M \rightarrow XONO_2 + O_2 \tag{3.81}$$

$$XO + HO_2 \rightarrow HOX + O_2 \tag{3.82}$$

$$X + HO_2 \rightarrow HX + O_2 \tag{3.83}$$

$$X + CH_4 \rightarrow HX + CH_3 \quad (\text{nur } X = Cl) \tag{3.84}$$

$$X + CH_2O \rightarrow HX + CHO \tag{3.85}$$

Die Reservoirverbindungen $XONO_2$ und HOX sind photolsye-instabil, wohingegen die Reservoirverbindung HX photochemisch stabil ist. Durch Reaktion von HX mit dem OH-Radikal kann das Radikal X wieder freigesetzt werden:[95]

$$OH + HX \rightarrow H_2O + X \quad (X = Cl, Br) \tag{3.86}$$

Mit höheren Konzentrationen kommt es zur direkten Wechselwirkung von ClO und BrO:

$$ClO + BrO \rightarrow Cl + Br + O_2 \tag{3.87a}$$

$$\rightarrow ClBr + O_2 \tag{3.87b}$$

$$\rightarrow Br + OClO \tag{3.87c}$$

BrCl und OClO sind photolyse-instabil und werden in das/die Halogenatom(e) zurückgebildet.

Unter genügend tiefen Temperaturen bilden sich in der Stratosphäre flüssige bzw. feste Partikel, die hauptsächlich aus H_2O, H_2SO_4 und HNO_3 bestehen. Gasförmiges HCl und HBr können in flüssigen Tröpfchen gelöst oder an der Oberfläche von festen Teilchen adsorbiert werden. Aufgrund der Zusammensetzung kann es

---

[95] Dies und das Folgende nach ZELLNER in GUDERIAN (2000A): Abschn. 3.3.4.3.2, S. 362.

sowohl zu Hydrolyse- als auch zu Disproportionierungsreaktionen von Halogenverbindungen kommen. Durch Hydratation und ionische Zwischenstufen fördern die Oberflächen Reaktionen, die in der reinen Gasphase aufgrund der hohen Aktivierungsenergien nicht möglich wären.[96] Folgende Reaktionen haben starken Einfluss auf die Verteilung der Spurengase:[97]

$$ClONO_2(g) + HCl(s) \rightarrow Cl_2(g) + HNO_3(s) \qquad (3.88)$$

$$ClONO_2(g) + H_2O(s) \rightarrow HOCl(g) + HNO_3(s) \qquad (3.89)$$

$$HOCl(g) + HCl(s) \rightarrow Cl_2(g) + H_2O(s) \qquad (3.90)$$

$$BrONO_2(g) + HCl(s) \rightarrow BrCl(g) + HNO_3(s) \qquad (3.91)$$

$$BrONO_2(g) + H_2O(s) \rightarrow HOBr(g) + HNO_3(s) \qquad (3.92)$$

$$HOBr(g) + HCl(s) \rightarrow ClBr(g) + H_2O(s) \qquad (3.93)$$

$$N_2O_5(g) + H_2O(s) \rightarrow 2\ HNO_3(s) \qquad (3.94)$$

Die Halogenreservoirverbindungen $XONO_2$ und HOX werden in die Form X_2 (Cl_2, BrCl) umgewandelt. Da diese Verbindungen schneller dissoziieren und wieder Halogenatome freigesetzt werden, spricht man auch von einer Halogenaktivierung. Durch die Bildung von HNO_3 werden die Stickoxide deaktiviert. Dies ist wichtig, da NO_2 sonst den Katalysator XO (ClO, BrO) durch Rückbildung von $XONO_2$ abfangen würde.[98]

Im Gegensatz zu Gasreaktionen ist die Geschwindigkeit von Oberflächenreaktionen nicht nur von der Konzentration der beteiligten Spezies abhängig, sondern auch von der chemischen Zusammensetzung der Oberfläche und deren Größe.[99]

---

[96] ZELLNER in GUDERIAN (2000A): Abschn. 3.3.5.2, S. 366, Abs. 1.
[97] ZELLNER in GUDERIAN (2000A): Abschn. 3.3.5.2, S. 366, Abs. 2.
[98] ZELLNER in GUDERIAN (2000A): Abschn. 3.3.5.2, S. 367, Abs. 1.
[99] ZELLNER in GUDERIAN (2000A): Abschn. 3.3.5.2, S. 367, Abs. 2.

3.1.2.2 Sulfataerosole und polare stratosphärische Wolken

Die Zyklen von Aerosolen und die hydrologischen Prozesse in der Atmosphäre sind miteinander verbunden. Wolken und deren Niederschlag spielen eine wichtige Rolle in der Entstehung, der Transformation und der Deposition von atmosphärischen Partikeln. Gleichzeitig sind atmosphärische Partikel als Kondensationskeime an der Wolkenbildung beteiligt und haben großen Einfluss auf die mikrophysikalischen Prozesse in Wolken.[100]

SO_2 wird entweder direkt oder indirekt über die Oxidation von schwefelhaltigen Verbindungen in die Stratosphäre eingetragen und dort durch weitere Oxidationsvorgänge in Schwefelsäureaerosole umgewandelt. Die Schwefelsäureaerosole bestehen aus 0,1 µm großen flüssigen Teilchen und sind ubiquitär vorhanden. Die Lebensdauer dieser Aerosole beträgt 1,5 bis 2 Jahre.[101] Bei Temperaturen unterhalb von 270 K entstehen stratosphärische Sulfataerosole (SSA). Die SSAs befinden sich im Gleichgewicht mit dem H_2O-Dampf. Wenn die Temperatur abnimmt, nehmen die SSAs Wasser auf und werden verdünnt. Durch weitere Temperaturabnahme kann diese H_2SO_4-Löung auch gefrieren. Aus Lösungen mit typischen stratosphärischen Zusammensetzungen (40 bis 75 Gew.-% H_2SO_4) bildet sich entsprechend der Phasengleichgewichtskurven ein Tetrahydrat ($H_2SO_4 \cdot 4H_2O$) – auch sulfuric acid tetrahydrate (SAT) genannt.[102] Ab Unterschreiten des Frostpunktes (~188 K) kondensiert Wasserdampf an den SAT-Kristallen und es bilden sich feste Eisteilchen, die dann als polare stratosphärische Wolken (PSC) Typ 2 bezeichnet werden. PSC Typ 1 entstehen bei höheren Temperaturen (~195 K), ihr Hauptbestandteil ist HNO_3, wobei das HNO_3 in die flüssige, unterkühlte H_2SO_4-Lösung einkondensiert.

Schwefeldioxid wird größtenteils durch Reaktionen in Nebel- und Wassertröpfchen oder durch trockene Deposition aus der Luft entfernt, kann aber auch durch OH-Radikale oxidiert werden. Zuerst wird Schwefeldioxid zu Schwefeltrioxid oxidiert, worauf die Säurebildung folgt:[103]

$$SO_2 + OH^{\bullet}(+M) \to SO_2 - OH^{\bullet}(+M) \qquad (3.95)$$

$$SO_2 - OH^{\bullet} + O_2 \to SO_3 + {}^{\bullet}HO_2 \qquad (3.96)$$

---

[100] KONDRATYEV: Abschn. 4.1.1, S. 189, Abs. 8.

[101] ZELLNER in GUDERIAN (2000A): Abschn. 3.3.5.1, S. 365, Abs. 1.

[102] ZELLNER in GUDERIAN (2000A): Abschn. 3.3.5.1, S. 365, Abs. 2.

[103] Dies und das Folgende nach BARNES, PREVOT, STAEHELIN in GUDERIAN (2000A): Abschn. 3.2.3.1, S. 229.

$$SO_3 + H_2O(+M) \rightarrow H_2SO_4(+M) \qquad (3.97)$$

$$^{\bullet}HO_2 + NO \rightarrow {}^{\bullet}OH + NO_2 \qquad (3.98)$$

$$\text{netto:} \quad SO_2 + O_2 + H_2O + NO \rightarrow H_2SO_4 + NO_2 \qquad (3.99)$$

Die Oxidation von SO_2 entspricht der Oxidation von CO, abgesehen von der Reaktion von Schwefeltrioxid mit Wasser. Die gebildete Schwefelsäure lagert schnell Wasser an und bildet Sulfataerosole.

3.2 Reaktion von Ammonium und Schwefeldioxid in der Gegenwart von flüssigem Wasser

Die Entstehungsrate von Sulfataerosolen aus der Reaktion von SO_2 und NH_3 hängt von der Verfügbarkeit an NH_3 ab. Bleibt der pH-Wert, z. B. aufgrund der NH_3-Zufuhr, hoch genug, läuft die Reaktion weiter. Der Entstehungsmechanismus von Ammoniumsulfat ist nur in der Gegenwart von flüssigem Wasser (Wolkentropfen und Nebel) effizient; so haben Modellrechnungen eine Oxidationsrate von 12 % pro Stunde in Wolkentropfen ergeben. Messungen zeigen passend dazu, dass die Konzentration von $(NH_4)_2SO_4$-Partikeln oft ein Maximum in der unteren Wolkengrenze haben. Die Ammoniumsulfat-Partikel können auch nach der Verdampfung der Wolkentropfen bzw. des Nebels in der Luft suspendiert bleiben. Zu Beginn der Nukleation haben die Ammoniumsulfat-Partikel Radien von ca. $3*10^{-5}$ μm und wachsen zu Tropfen mit einer Größe von 10^{-2} μm an.[104]

Die wichtigste Komponente des atmosphärischen Sub-μm-Aerosols sind Sulfate, die durch die Oxidation von SO_2 gebildet werden.[105] Der größte Teil – etwa 80 bis 90 % – der atmosphärischen Sulfatbildung findet in der Wolkenwasserphase statt.[106] In der Troposphäre sind mehr als 90 % der Schwefelsäure-Moleküle hydratisiert, wobei 1 bis 5 Wassermoleküle beteiligt sind.[107] Sulfataerosole treten hauptsächlich als NH_4HSO_4 und $(NH_4)_2SO_4$ auf.[108]

---

[104] KONDRATYEV: Abschn. 4.1.2, S. 190, Abs. 3.

[105] MÖLLER in GUDERIAN (2000B): Abschn. 1.2.5.6, S. 95, Abs. 5.

[106] MÖLLER in GUDERIAN (2000B): Abschn. 1.2.5.6, S. 95, Abs. 6.

[107] WARNECK: Abschn. 7.4.3, S. 385, Abs. 3.

[108] WARNECK: Abschn. 7.4.3, S. 388, Abs. 2.

Einige Gase und Dämpfe bilden Ionen, wenn sie in Wasser gelöst werden, z. B.:[109]

$$SO_2(g) + H_2O \leftrightarrow SO_2 \cdot H_2O \qquad (3.100)$$

$$SO_2 \cdot H_2O \leftrightarrow H^+ + HSO_3^- \qquad (3.101)$$

$$HSO_3^- \leftrightarrow H^+ + SO_3^{2-} \qquad (3.102)$$

$$HSO_4^- \leftrightarrow H^+ + SO_4^{2-} \qquad (3.103)$$

$$NH_3(g) \leftrightarrow NH_3 \cdot H_2O \qquad (3.104)$$

$$NH_3 \cdot H_2O \leftrightarrow NH_4^+ + OH^- \qquad (3.105)$$

Potenzielle Oxidantien für SO_2 sind OH, HO_2, RO_2, NO_3, Ozon und die Criegee-Zwischenprodukte.[110] Die Oxidation von SO_2 durch OH-Radikale verläuft über ein Additionsprodukt:

$$OH + SO_2 \rightarrow HOSO_2 \qquad (3.105)$$

$$HOSO_2 + O_2 \rightarrow SO_3 + HO_2 \qquad (3.106)$$

$$SO_3 + H_2O \rightarrow H_2SO_4 \qquad (3.107)$$

Ammoniak könnte direkt mit dem Schwefelsäurehydrat auf molekularer Ebene reagieren:[111]

$$H_2SO_4(H_2O)_n + NH_3 \rightarrow NH_4HSO_4(H_2O)_{n-1} + H_2O \qquad (3.108)$$

Sulfatsalze entstehen z. B. durch die Oxidation von SO_2 zu Schwefelsäure (H_2SO_4) und der darauffolgenden Neutralisation der Säure durch Ammoniak

---

[109] WARNECK: Abschn. 8.4.1, S. 474, Tab. 8.3.

[110] Dies und das Folgende nach WARNECK: Abschn. 7.4.3, S. 390.

[111] WARNECK: Abschn. 7.4.3, S. 388, Abs. 2.

(NH_3).[112] H_2SO_4 ist eine Säure und reagiert mit dem basisch wirkenden NH_3, wodurch das Salz Ammoniumsulfat gebildet wird:[113]

$$H_2SO_4 + 2\,NH_3 \rightarrow 2\,NH_4^+ + SO_4^{2-} \tag{3.109}$$

$$2\,NH_4^+ + SO_4^{2-} \rightarrow (NH_4)_2SO_4 \tag{3.110}$$

3.3 Katalytische Oxidation in Gegenwart von Schwermetallen

Die Reaktionsrate der katalytischen Oxidation hängt stark vom Vorhandensein geeigneter Katalysatoren (Schwermetall-Ionen) ab und kann in verschmutzter Luft sehr hoch sein. Unter bestimmten pH-Werten stoppt dieser Vorgang. Die Reaktionen laufen sowohl in trockener Luft als auch in Wolkentropfen ab.[114]

Übergangsmetallionen (*transition metal ions* – kurz TMI) treten in Aerosolen und Hydrometeoren ubiquitär auf. TMI sind photochemisch aktiv, bilden verschiedene Redoxzyklen mit O_XH_Y-Verbindungen und katalysieren die Oxidation von Schwefel (IV). TMI spielen eine besondere Rolle beim Elektronenübergang zwischen reduzierter und oxidierter Form:[115]

$$M^{n+} + e^- \leftrightarrow M^{(n-1)+} \tag{3.111}$$

In der Reaktionsgleichung steht M für TMI. Fe, Cu und Mn sind die wichtigsten TMI. Die Übergangsmetallionen haben eine katalytische Wirkung bei Redoxzyklen und initiieren dabei Radikalketten, die nach dem folgenden allgemeinen Schema ablaufen:

$$M^{n+} + X^{m-} \leftrightarrow M^{(n-1)+} + X^{(m-1)-\bullet} \tag{3.112}$$

Durch das Radikal $X^{(m-1)-}($^•^, z. B. HSO_3, wird eine Kettenreaktion ausgelöst. Über eine zweite Reaktion wird die oxidierte Stufe des TMI wieder zurückgebildet:

---

[112] WARNECK: Abschn. 7.4.3, S. 383, Abs. 1.
[113] BURKACKY: S. 1.
[114] KONDRATYEV: Abschn. 4.1.2, S. 190, Abs. 3.
[115] Dies und das Folgende nach MÖLLER in GUDERIAN (2000B): Abschn. 1.2.5.4, S. 82.

$$M^{(n-1)+} + Y^{m-} \leftrightarrow M^{n+} + Y^{(m+1)-} \qquad (3.113)$$

In wässrigen Lösungen unterliegen TMI zahlreichen Gleichgewichtsreaktionen und Komplexbildungen. Diese Reaktionen hängen stark vom pH-Wert ab und bilden n Tropfen teilweise eine feste Phase. Bedeutende Liganden sind H_2O (Hexahydrate), OH^-, SO_4^{2-}, SO_3^{2-} und $C_2O_4^{2-}$ (Oxalat). Das Oxidationspotential hängt vom Verhältnis $M^{n+}/M^{(n-1)+}$ ab und kann großen Schwankungen unterliegen. Die Differenzierung von gelösten und ungelösten TMI sowie deren Spezifikation im Aerosol sind wichtig.[116] Es wird angenommen, dass 60–90 % des Fe und 20–40 % des Mn als unlösliche Komponente im Aerosol vorkommen.[117] Modellstudien haben gezeigt, dass sich – unabhängig vom Anfangswert – innerhalb von Sekunden ein systembedingtes Redoxverhältnis einstellt.[118]

Nachfolgend werden als Beispiel die Fe(III)-Hydroxylgleichgewichte aufgeführt, wobei das Eisen-(III)-Hydroxid im kolloidalen Zustand gebildet wird:[119]

$$Fe(H_2O)_6^{3+} \leftrightarrow Fe(H_2O)_5(OH)^{2+} + H^+ \qquad (3.114)$$

$$Fe(H_2O)_5(OH)^{2+} \leftrightarrow Fe(H_2O)_4(OH)_2^+ + H^+ \qquad (3.115)$$

$$Fe(H_2O)_4(OH)_2^+ \leftrightarrow Fe(H_2O)_3(OH_3) \downarrow + H^+ \qquad (3.116)$$

Im Zuge der Photolyse von TMI werden Oxidantien gebildet. Über einen Ladungstransfer vom Liganden zum Kern wird Fe-(III) zu Fe-(II) oxidiert:

$$Fe(H_2O)_5(OH)^{2+} + H_2O \xrightarrow{h\nu} Fe(H_2O)_6^{2+} + OH \quad (\lambda \leq 350\,nm) \qquad (3.117)$$

Fe-(III)-Oxalato-Komplexe sind weitere bedeutende photolytische Radikalquellen:

$$Fe(C_2O_4)^+ \xrightarrow{h\nu} Fe^{2+} + [C_2O_4^-]^{\bullet} \quad (\lambda \leq 350\,nm) \qquad (3.118)$$

---

[116] MÖLLER in GUDERIAN (2000B): Abschn. 1.2.5.4, S. 83, Abs. 2.

[117] MÖLLER in GUDERIAN (2000B): Abschn. 1.2.5.4, S. 83, Abs. 3.

[118] MÖLLER in GUDERIAN (2000B): Abschn. 1.2.5.4, S. 84, Abs. 1.

[119] Dies und das Folgende nach MÖLLER in GUDERIAN (2000B): Abschn. 1.2.5.4, S. 84.

Ein Elektron wird vom Oxalat-Radikal $[C_2O_4^-]($• auf gelöstes O_2 übertragen, wobei ein Peroxo-Anion O_2^- gebildet wird und der Radikalrest zu CO_2 zerfällt:

$$[C_2O_4^-]^\bullet + O_2 \rightarrow 2CO_2 + O_2^- \qquad (3.119)$$

Es ist bekannt, dass in wässriger Phase, z. B. durch Strahlung oder direkte Aufnahme von Oxidantien, eine Bildung von Oxidantien erfolgt.[120] In der Diskussion steht jedoch, ob über Chromophore eine Radikalbildung in Hydrometeoren stattfindet. In der Reaktionsgleich sind die Chromophore mit W bezeichnet:

$$W \xrightarrow{h\upsilon} W^* \qquad (3.120)$$

$$W^* \xrightarrow{O_2} (W - O_2)^* \qquad (3.121)$$

$$(W - O_2)^* \rightarrow W + {}^1O_2^* \qquad (3.122a)$$

$$\rightarrow \left(W^+ - O_2^-\right) \qquad (3.122b)$$

$$(W - O_2)^* \xrightarrow{H_2O} W^+ + O_2^- \qquad (3.123)$$

Es ist unbekannt, welche chemische Form die Chromophore haben, aber es wird angenommen, dass es sich um TMI, organische Verbindungen und unidentifizierte anorganische Verbindungen handelt. Vielfältige, natürlich vorkommende Verbindungen – z. B. aromatische Carbonyle, die bei der Verbrennung von Biomasse entstehen oder aus ersosionsbürtigen huminartigen Substraten stammen – können in wässriger Phase ein Chromophor darstellen und zusammen mit Bestrahlung zur Bildung von H_2O_2 führen.[121]

---

[120] Dies und das Folgende nach MÖLLER in GUDERIAN (2000B): Abschn. 1.2.5.5, S. 85.

[121] MÖLLER in GUDERIAN (2000B): Abschn. 1.2.5.5, S. 85, Abs. 3.

Quellen von Präkursoren und Feinstaub

4

Die Quellen von Präkursoren und Feinstaub können in natürliche und anthropogene Quellen unterteilt werden.[1] Die Präkursoren für sekundäre Feinstaubbildung selbst können in natürliche und naturfremde Stoffe unterschieden werden. Über anthropogene Quellen werden neben natürlichen Präkursoren auch naturfremde Stoffe emittiert, sog. Xenobiotika, die nicht in der Natur vorkommen, wie z. B. FCKW.[2]

Folgende natürliche und anthropogene Emittentenbereiche für Präkursoren werden betrachtet:

- Verbrennungsprozesse
- Verkehr
- Industrielle Fertigungsprozesse
- Lagerung, Umschlag und Lagerung von Gütern
- Anwendung lösemittelhaltiger Erzeugnisse
- Nutzung und Handhabung radioaktiver Materialien
- Biologische und natürliche Prozesse
- Vulkanismus
- Raumfahrt und Kosmos

Verbrennungsprozesse
Quellen für Spurenstoffe aus Verbrennungsprozessen lassen sich in natürliche und anthropogene Emittenten unterteilen. Die anthropogenen Emittenten lassen sich weiter unterscheiden in mobile und stationäre Quellen. Zu den mobilen Quellen zählen Verbrennungsmotoren in Fahrzeugen und Arbeitsmaschinen. Die Gruppe der

---

[1] FRIEDRICH, OBERMEIER in GUDERIAN (2000A): Kap. 2, S. 61, Abs. 1.
[2] GUDERIAN in GUDERIAN (2000A): Kap. 1, S. 8, Abs. 1.

R. Trierweiler, *Sekundärer Feinstaub,* essentials, https://doi.org/10.1007/978-3-658-40157-3_4

stationären Quellen wird gebildet aus Anlagen zur thermischen Nutzung und Energietransformation. Die wichtigsten natürlichen Emittenten sind Vegetationsbrände und Vulkanismus. Ca. 75 % der Feinstäube stammt aus Verbrennungsprozessen.[3]

Die Art der emittierten Stoffe aus Verbrennungsprozessen kann grundsätzlich in Produkte aus vollständiger Verbrennung (CO_2, H_2O), Nebenprodukte aus vollständiger Verbrennung (promptes und thermisches NO_X), Produkte aus unvollständiger Verbrennung (CO, Ruß, unverbrannte und teiloxidierte Kohlenwasserstoffe wie z. B. Alkane, Alkene, Alkine, Aromaten und Aldehyde), und Produkte aus Brennstoffinhaltsstoffen (z. B. SO_2, NO_X, Schwermetalle, HCL und HF) eingeteilt werden.[4] Wenn der stöchiometrische Sauerstoffbedarf der Verbrennung nicht erfüllt oder stark unterschritten wird, kommt es zu einer unvollständigen Verbrennung. Dadurch können teiloxidierte und nicht oxidierte, sowie nicht brennbare Spurenstoffe bzw. Spuren des unverbrannten Brennstoffs in die Atmosphäre gelangen.[5] Außerdem kann es aufgrund von Radikalreaktionen zur Neubildung von Alkenen, Alkinen und Aromaten kommen.[6] Daneben können Emissionen aus Verbrennungsprozessen insbesondere folgende Stoffe enthalten:[7]

- Agglomerate aus elementarem Kohlenstoff und angelagerte Kohlenwasserstoffe sowie polyzyklische aromatische Kohlenwasserstoffe
- hochmolekulare, kondensierte Kohlenwasserstoffe
- Oxide und Salze verschiedenster Metalle und Schwermetalle

Die Verbrennung von Holz und anderer Biomasse kann in drei Stufen eingeteilt werden:

- Pyrolyse, bei der sich organische Komponenten verflüchtigen
- turbulente Verbrennung von organischen Dämpfen in einer Flamme
- Schwelbrände ohne Flamme

Bei allen drei Stufen kommt es zu Emissionen: Einerseits werden Holzkohlepartikel durch mechanische Prozesse freigesetzt und andererseits durch Kondensieren organischer Dämpfe. Nachdem das Feuer erloschen ist, werden Aschepartikel durch

---

[3] URBAN: Abschn. 2.1, S. 7, Abs. 1.

[4] FRIEDRICH, OBERMEIER in GUDERIAN (2000A): Abschn. 2.1.1, S. 63, Abs. 2.

[5] FRIEDRICH, OBERMEIER in GUDERIAN (2000A): Abschn. 2.1.1, S. 64, Abs. 1 bis Abs. 2.

[6] KESSELMEIER in GUDERIAN (2000A): Abschn. 2.8.1.1, S. 130, Abs. 1.

[7] KESSELMEIER in GUDERIAN (2000A): Abschn. 2.7, S. 125, Abs. 3.

Winderosion in die Atmosphäre transportiert.[8] Durch Verbrennung von schwefelhaltigen Stoffen, kann es zu Schwefeleinbindungen in der Asche kommen.[9]
Partikel, die durch die Verbrennung von Biomasse emittiert werden, bestehen zu
40–70 Gew.-% kohlenstoffhaltigem Material, z. B. Ruß. Der Rest (30–60 Gew.-%)
besteht aus benzenlöslichen organischen Stoffen und anorganischen Komponenten,
für Kationen z. B. Kalium und Ammonium und für Anionen z. B. Chlorid und
Sulfat.[10] Daneben entsteht SO_2 aus der Verbrennung schwefelhaltiger pflanzlicher
Aminosäuren.[11] Das Verbrennen von Biomasse, z. B. von Laub, ist eine signifikante Quelle für atmosphärische Carbonylverbindungen.[12] Außerdem wird durch
Biomasseverbrennung eine große Menge an Ethan freigesetzt.[13]

Bei Verbrennungsprozessen mit offenen Flammen kommt es zu Verbrennungs-
rückstanden und Produkten unvollständiger Verbrennung. Die Flamme wird durch
die Umgebungsluft schnell abgekühlt, dabei kann es zur Koagulation von Rußparti-
keln und anderen Verbrennungsprodukten kommen, wodurch grobkörnige Aerosole
entstehen, die über das Nanoformat hinaus anwachsen.[14]

Verbrennung schwefelhaltiger fossiler Energieträger anthropogener Verbrennungsprozesse stellt eine wesentliche Quelle für SO_2 dar.[15] Alle fossilen Brennstoffe
enthalten Schwefel. Der Schwefelgehalt des Brennstoffs übt wesentlichen Einfluss
auf die Emissionen aus, wobei sich der Schwefelgehalt der Brennstoffe stark unterscheidet: Bspw. hat sächsische Braunkohle einen massebezogenen Schwefelgehalt
von 2 %, wohingegen Erdgas einen massebezogenen Schwefelgehalt zwischen
0,0005 % und 0,02 % aufweist.[16] Schwefel gelangt über die, in Organismen
enthaltenen, schwefelhaltigen Aminosäuren in den Brennstoff. Die ursprüng-
lich organischen Schwefelverbindungen werden je nach Alter bzw. Lagerstätte
zunehmend mineralisiert.[17] Der Schwefelgehalt von Brennstoffen unterliegt in
Deutschland und anderen Ländern gesetzlichen Vorgaben, weshalb Brennstoffe
vor der Anwendung entschwefelt werden. Unter den anthropogenen Quellen für

---

[8] WARNECK: Abschn. 7.4.4, S. 400, Abs. 1.

[9] FRIEDRICH, OBERMEIER in GUDERIAN (2000A): Abschn. 2.2, S. 69, Abs. 2.

[10] WARNECK: Abschn. 7.4.4, S. 400, Abs. 2.

[11] FRIEDRICH, OBERMEIER in GUDERIAN (2000A): Abschn. 2.2, S. 68, Abs. 2.

[12] KESSELMEIER, STAUDT in GUDERIAN (2000A): Abschn. 2.8.2.3, S. 159, Abs. 1.

[13] KESSELMEIER, STAUDT in GUDERIAN (2000A): Abschn. 2.8.2.3, S. 153, Abs. 2.

[14] RÜGER: Abschn. 2.2.1.1, S. 28, Abs. 2.

[15] FRIEDRICH, OBERMEIER in GUDERIAN (2000A): Abschn. 2.2, S. 68, Abs. 1.

[16] FRIEDRICH, OBERMEIER in GUDERIAN (2000A): S. 69, Tab. 2.2-1.

[17] Dies und das Folgende nach FRIEDRICH, OBERMEIER in GUDERIAN (2000A):
Abschn. 2.2, S. 68.

SO_2 steht der Kraftwerkssektor deutlich an vorderster Position.[18] Darüber hinaus enthalten fossile Energieträger organische Stickstoffverbindungen, wie z. B. Amine, Amide, Nitroverbindungen und Stickstoff-Heterozyklen. Die Verbrennung dieser Verbindungen führt zu Brennstoff-NO_X.[19] Hausbrand stellt eine weitere anthropogene Quelle für VOC dar.[20]

Die Emission aus anthropogenen Verbrennungsprozessen ist saisonalen Schwankungen unterworfen und liegt im Winter wesentlich höher als im Sommer.[21] Dies liegt am erhöhten Energiebedarf, z. B. zur Raumheizung, im Winter. An dieser Stelle sind auch die Produkte der Verbrennung naturfremder Stoffe zu erwähnen.[22]

Verkehr

Über den Verkehr werden neben Verbrennungsprodukten auch Partikel aus Abriebprozessen emittiert, wie z. B. Bremsenabrieb und Kupplungsabrieb. Im Straßenverkehr spielt Reifenabrieb eine besondere Rolle. Dieser besteht zu 43 % aus Gummi und Polymersubstanzen, zu 34 % aus Ruß, zu 17 % aus Mineralöl und zu 7 % aus anderen Substanzen. In europäischen Industrieländern bestehen ca. 16 % der PM_{10}-Fraktion aus Ruß, der auf Reifenabrieb zurückgeführt werden kann.[23] Im weltweiten Mittel entstehen pro Jahr ca. 0,81 kg Reifenabrieb pro Person. Mit einer mittleren Partikelgröße von 65 μm bei PKW-Reifen und 80 μm bei LKW-Reifen, verursacht Reifenabrieb zwischen 5–10 % des Plastikeintrags in die Ozeane.[24]

Industrielle Fertigungsprozesse

Die industrielle bzw. gewerbliche Herstellung sowie Be- und Verarbeitung von Erzeugnissen umfasst vielfältige chemische und physikalische Verfahren und dementsprechend ein breites Spektrum sowohl an möglichen Quellen für primären Feinstaub als auch an möglichen Emissionen von Präkursoren. Prozessfeuerung und Prozesse aus der Grundstoffindustrie stehen bzgl. der Emissionsrelevanz im Vordergrund.[25] Einige industrielle Prozesse und deren Emissionen sind:[26]

[18] FRIEDRICH, OBERMEIER in GUDERIAN (2000A): Abschn. 2.2, S. 71, Abs. 1.

[19] KESSELMEIER in GUDERIAN (2000A): Abschn. 2.4.1, S. 84, Abs. 4.

[20] URBAN: Abschn. 2.2.3, S. 13, Abs. 2.

[21] FRIEDRICH, OBERMEIER in GUDERIAN (2000A): Abschn. 2.2, S. 74, Abs. 2.

[22] FRIEDRICH, OBERMEIER in GUDERIAN (2000A): Abschn. 2.1, S. 64, Abs. 2.

[23] KARLRUHER INSTITUT FÜR TECHNOLOGIE: Abs. 1.

[24] WALDSCHLÄGER: Abschn. 3.1, S. 18, Abs. 3.

[25] FRIEDRICH, OBERMEIER in GUDERIAN (2000A): Abschn. 2.1, S. 64, Abs. 3.

[26] FRIEDRICH, OBERMEIER in GUDERIAN (2000A): Abschn. 2.1, S. 66, Tab. 2.1-1.

- Kokerei: CO, NH_3, H_2S, VOC
- Zementherstellung: NO_X, SO_2, CO, H_2S
- Glasherstellung: NO_X, SO_2
- Roheisengewinnung: SO_2, NO_X, CO, HCL, HF, H_2S, HCN, (Pb-, Zn-, Cd-, As-) Staub
- Gussherstellung: CO, VOC, Aromen
- Mineralölverarbeitung: SO_2, NO_X, VOC, H_2S
- Zellstoffverstellung: SO_2, Aromen
- Säureherstellung: SO_2, SO_3, NO, NO_2
- Düngemittelherstellung: Cl^-, F^-, NH_3, NH_4^+

Lagerung, Umschlag und Transport von Gütern
Je nach Art und Beschaffenheit des gelagerten, umgeschlagenen oder transportierten Gutes kann es zur Emission unterschiedlicher Spurenstoffe kommen.[27] Bei festen Gütern treten Staubemissionen mit entsprechender chemischer Zusammensetzung auf. Im Hinblick auf Ausgangsstoffe für die sekundäre Feinstaubbildung ist an dieser Stelle der Untertageabbau von Steinkohle zu erwähnen, bei dem je nach Art und Beschaffenheit der Lagerstätten, nennenswerte Methanemissionen auftreten.[28]

Präkursoren aus flüssigen Gütern gelangen aufgrund teilweiser Verdampfung der Flüssigkeiten und Verdrängung dampfbeladener Luft über dem Flüssigkeitspegel in die Atmosphäre. Dies gilt vor allem für VOC. Von besonderer Bedeutung ist die Produktion und die Verteilkette von Benzin, begonnen bei der Förderung und Verarbeitung bis hin zur Fahrzeugbetankung.[29,30]

Bei gasförmigen Gütern kommt es vor allem bei der Handhabung fossiler Energieträger zur Emission von Präkursoren: In erster Linie bei der Verteilung im Niederdrucknetz zu Emissionen, in zweiter Linie bei der Förderung und Aufbereitung.[31]

Anwendung lösemittelhaltiger Erzeugnisse
Diesem Punkt werden meist auch Organika zugeordnet, die z. B. als Extraktionsmittel, Kältemittel oder Treibmittel eingesetzt werden. In Industrieländern stellt

---

[27] FRIEDRICH, OBERMEIER in GUDERIAN (2000A): Abschn. 2.1, S. 65, Abs. 1.

[28] FRIEDRICH, OBERMEIER in GUDERIAN (2000A): Abschn. 2.1, S. 65, Abs. 2.

[29] FRIEDRICH, OBERMEIER in GUDERIAN (2000A): Abschn. 2.1, S. 65, Abs. 3.

[30] FRIEDRICH, OBERMEIER in GUDERIAN (2000A): Abschn. 2.1, S. 66, Abs. 1.

[31] FRIEDRICH, OBERMEIER in GUDERIAN (2000A): Abschn. 2.1, S. 66, Abs. 2.

die Anwendung organischer Lösemittel eine wesentliche Quelle anthropogener VOC-Emissionen dar.[32]

Vor allem beim Einsatz von Lösemitteln, deren Verdunstung beabsichtigt ist, kann es zum Eintrag von Lösemitteldampf in die Atmosphäre kommen. Dies gilt z. B. für Anstrichmittel, Farben, Druckerfarben und Klebstoffe.[33] Das Spektrum der Emissionen erstreckt sich von Alkanen, Aromaten, Alkoholen und Glykole über Ether, Ketone, Ester und Halogenkohlenwasserstoffe.

Nutzung und Handhabung radioaktiver Materialien

Durch die Nutzung und Handhabung radioaktiver Materialien können Teile des radioaktiven Materials, sowie deren Zerfallsprodukte und Strahlung bzw. Strahlungsteilchen emittiert werden. Das wichtigste natürliche radioaktive Material im Zusammenhang mit atmosphärischen Partikeln ist Radon.

Radioaktive Strahlung lässt sich in Alpha-, Beta- bzw. Gammastrahlung einteilen und wird von radioaktivem Material emittiert. Die natürlichen und anthropogenen Strahlungsquellen reichen von der Anwendung ionisierender Strahlung und radioaktiver Stoffe in der Medizin oder kerntechnischen Anlagen über die Inhalation von Zerfallsprodukten des natürlich vorkommenden, radioaktiven Edelgases Radon und terrestrischer Strahlung, z. B. durch radonhaltige Böden, bis hin zur höhenabhängigen kosmischen Strahlung.[34]

Atmosphärische Zerfallsproduktatome können durch Kernumwandlungsprozesse von Radonatomen oder anderen Zerfallsproduktatomen in der Atmosphäre gebildet werden. Zerfallsproduktatome bewegen sich durch Diffusion relativ schnell durch die Luft. Treffen sie auf Hindernisse in Form von z. B. Aerosolpartikeln oder Wänden, können sie an den Hindernissen haften bleiben und sich anlagern. In diesem Zusammenhang spricht man von angelagerten Zerfallsprodukten.[35] Dementgegen nennt man Zerfallsprodukte, die nicht an Aerosolpartikel angelagert sind, freie Zerfallsprodukte. In normaler Luft sind etwa 99 % oder mehr der Zerfallsproduktatome angelagert, die restlichen Zerfallsprodukte sind frei. Dieses Verhältnis wird von der Menge der Aerosolpartikel und der Radonkonzentration beeinflusst. Befinden sich z. B. viele Aerosolpartikel in der Luft, treffen die Zerfallsproduktatome schneller auf

---

[32] FRIEDRICH, OBERMEIER in GUDERIAN (2000A): Abschn. 2.1, S. 66, Abs. 3.

[33] Dies und das Folgende nach FRIEDRICH, OBERMEIER in GUDERIAN (2000A): Abschn. 2.1, S. 66.

[34] FRIEDRICH, OBERMEIER in GUDERIAN (2000A): Abschn. 2.1, S. 67, Abs. 1.

[35] FORSCHUNGSZENTRUM FÜR UMWELT UND GESUNDHEIT: S. 8, Abs. 7 bis 10.

ein Hindernis und lagern sich an.[36] Radioaktive Zerfallsproduktatome können sich – im Gegensatz zu inaktiven Schwermetallatomen – aufgrund des Rückstoßes, der beim Aussenden einen Strahlungsteilchens entsteht, wieder von Aerosolpartikeln lösen.[37]

Am Ende der drei natürlichen Zerfallsketten steht das stabile Element Blei, das unter den Umgebungsbedingungen in der Atmosphäre als fester Partikel vorliegt.

Biologische und natürliche Prozesse
In diesem Emittentenbereich werden Prozesse zusammengefasst, die auf biologische oder natürliche Prozesse zurückgeführt werden können. Dabei werden die Emissionen von Mikroorganismen, Pflanzen und Tieren, sowie derer Habitate betrachtet.

Der organische Anteil im Aerosol umfasst vorwiegend organische Säuren, Basen sowie Neutralstoffe und liegt massenmäßig bei 25–30 %.[38]

Zur Methanogenese durch Mikroorganismen – und somit zur Emission von Methan – kommt es z. B.:[39]

- in Feuchtlandschaften, wie z. B. Mooren
- in Überschwemmungsgebieten
- auf Reisfeldern
- auf Mülldeponien
- bei der Lagerung von tierischen Exkrementen, wie z. B. Gülle und Mist
- im Verdauungstrakt von Nutz- und Wildtieren
- in Sedimenten von Ozeanen und anderen Gewässern

Emissionen aus Biogasanlagen und Klärwerken wären an dieser Stelle auch zu erwähnen. Daneben lassen sich auch Ammoniak-Emissionen, die z. B. in der Nutztierhaltung sowie dem Ausbringen von Wirtschafts- und Mineraldünger entstehen, auf mikrobielle Zersetzungsprozesse zurückführen.[40,41] Die mikrobielle Zersetzung von organischem Material ist eine der größten natürlichen Quellen für H_2S.[42]

---

[36] FORSCHUNGSZENTRUM FÜR UMWELT UND GESUNDHEIT: S. 28, Abs. 3.
[37] FORSCHUNGSZENTRUM FÜR UMWELT UND GESUNDHEIT: S. 7, Abs. 3.
[38] WINKLER in GUDERIAN (2000B): Abschn. 1.1.6.5, S. 22, Abs. 3.
[39] FRIEDRICH, OBERMEIER in GUDERIAN (2000A): Abschn. 2.1, S. 67, Abs. 2.
[40] KESSELMEIER, STAUDT in GUDERIAN (2000A): Abschn. 2.10, S. 168, Abs. 1.
[41] FRIEDRICH, OBERMEIER in GUDERIAN (2000A): Abschn. 2.1, S. 68, Abs. 1 bis 3.
[42] THE ROYAL SWEDISH ACADEMY OF SCIENCE AND THE ROYAL SWEDISH ACADEMY OF ENGINEERING SCIENCES: Abschn. 8.3.2, S. 194, Abs. 2.

Daneben gibt es weitere biologische Prozesse in Gewässern und Böden, deren emittiertes Stoffspektrum nicht gänzlich bekannt ist.[43] Durch die Biosyntheseprozesse von Gewächsen, wie z. B. Laub- und Nadelbäumen, Sträuchern, Gräsern, landwirtschaftlichen Kulturpflanzen und anderen pflanzlichen Organismen werden Isopren, verschiedene Terpene und viele weitere VOC emittiert.[44] Die stärkste Quelle für reaktive VOC sind die Wälder der borealen Zonen und mittleren Breiten der nördlichen Hemisphäre.[45] Daneben emittieren andere Lebewesen auch organische Gase, wie bspw. Duftstoffe in Form von Terpenen. Isopren und Monoterpene kommen in Pflanzen, Tieren und Mikroorganismen vor. Monoterpene sind ein wichtiger Bestandteil der Terpentinöle und der ätherischen Öle. Die Abgabe von Isoprenoiden aus Pflanzen schwankt enorm und kann selbst innerhalb einer Art sehr stark variieren. Dabei haben Temperatur, Strahlung, genetische Unterschiede, Provenienzen, Ökotypen und Wuchsbedingungen einen starken Einfluss auf die Menge und die Zusammensetzung der emittierten Isoprenoiden. Insgesamt sind die Aussagen über die Menge und die Zusammensetzung von pflanzlichen Emissionen mit großer Unsicherheit behaftet.[46] Die natürliche Emission von Alkoholen, Estern und Ethern wird normalerweise Blütenduft zugeschrieben, wobei die Emissionsraten in den meisten Fällen unbestimmt sind. Eine Reihe von eindeutig biogen emittierten Alkoholen, Estern und Äthern sind identifiziert, wobei ihre Anzahl auf mindestens einige hundert geschätzt wird.[47] Der Anteil an sog. Blattalkoholen und Blattestern an den vegetativen Emissionen von VOC kann je nach Pflanzenart zwischen wenigen Prozenten bis hin zu 100 % betragen.[48] Eine starke biogene Quelle für Ethen, Propen und Buten ist die terrestrische Vegetation, vor allem Wälder.[49] Die direkte Emission von Carbonsäuren durch Bäume ist belegt. Daneben wird der Vegetation ein großer Anteil an der indirekten Emission von Carbonsäure durch die Emission von Vorläuferstoffen, wie z. B. Isopren, zugeschrieben.[50,51] Pflanzen sind signifikante biogene Quellen für atmosphärische

---

[43] FRIEDRICH, OBERMEIER in GUDERIAN (2000A): Abschn. 2.1, S. 68, Abs. 1 bis 3.

[44] FRIEDRICH, OBERMEIER in GUDERIAN (2000A): Abschn. 2.1, S. 67, Abs. 2.

[45] ISIDOROV et al.: S. 1, Abs. 1.

[46] KESSELMEIER, STAUDT in GUDERIAN (2000A): Abschn. 2.8.2.2, S. 149, Abs. 1.

[47] KESSELMEIER, STAUDT in GUDERIAN (2000A): Abschn. 2.8.2.3, S. 162, Abs. 2.

[48] KESSELMEIER, STAUDT in GUDERIAN (2000A): Abschn. 2.8.2.3, S. 163, Abs. 1.

[49] KESSELMEIER, STAUDT in GUDERIAN (2000A): Abschn. 2.8.2.3, S. 154, Abs. 3.

[50] KESSELMEIER, STAUDT in GUDERIAN (2000A): Abschn. 2.8.2.3, S. 157, Abs. 2.

[51] KESSELMEIER, STAUDT in GUDERIAN (2000A): Abschn. 2.8.2.3, S. 158, Abs. 1.

Carbonylverbindungen, sowohl durch die direkte Emission von Carbonylverbindungen als auch durch die Emission von Vorläuferstoffen.[52] Daneben sind Insekten und tierische Exkremente weitere direkte biogene Quellen für Aldehyde.[53] Die wichtigsten biogenen Vorläuferstoffe für Aldehyde sind oxidierte Terpene und Isopren. Der wichtigste biogene Vorläuferstoff für Formaldehyd ist Methan. Biogene terrestrische Quellen tragen nur einen geringen Anteil zur globalen DMS-Emission bei, pflanzliche Quellen dominieren diesen Anteil.[54] Auch Schwefelwasserstoff wird von Pflanzen emittiert.[55] Außerdem werden organische Schwefelverbindungen von Lebewesen für wichtige Stoffwechselprodukte, wie Aminosäuren und Proteine, benötigt sowie bei Resistenz-, Verteidigungs- und Entgiftungsmechanismen eingesetzt und somit emittiert.[56] Wichtige natürliche NH_3-Quellen sind Tierhaltung, Ausscheidungen von wildlebenden Tieren und Getreideanbau. Global gesehen dominieren biologische Prozesse gegenüber industriellen Prozessen die Emission von Ammoniak.[57,58]

Durch Stoffwechselvorgänge des Edaphons und durch Wurzelatmung der Vegetation werden CH_4, N_2O, NO_X, CO_2, CO und NH_3 entweder zuerst an in das Porenvolumen von Böden abgegeben und danach in die Atmosphäre emittiert oder direkt in die atmosphärische Luft emittiert.[59] Menge und Zusammensetzung der bodenbürtigen Emissionen unterliegt tages- und jahreszeitlichen Schwankungen. Die emittierten Gase und deren Menge ist abhängig von der Aktivität des Edaphons, Zusammensetzung und Dichte der Vegetation, dem Eintrag von organischer Substanz (z. B. Dünger oder Laub) sowie von Feuchtigkeitsgehalt und Temperatur der Böden.[60] Die Vegetation hat aufgrund der ausgeprägten Wechselwirkungen zwischen Böden und Pflanzen einen starken Einfluss auf den Austausch von NO und N_2O zwischen Böden und Atmosphäre.[61] Es ist bisher kein Mechanismus bekannt, bei dem Böden als direkte Senke für N_2O auftreten.[62] Böden emittieren Ethen sowie

[52] KESSELMEIER, STAUDT in GUDERIAN (2000A): Abschn. 2.8.2.3, S. 159, Abs. 1.

[53] Dies und das Folgende nach KESSELMEIER, STAUDT in GUDERIAN (2000A): Abschn. 2.8.2.3, S. 160.

[54] KESSELMEIER in GUDERIAN (2000A): Abschn. 2.3.4, S. 79, Abs. 2.

[55] KESSELMEIER in GUDERIAN (2000A): Abschn. 2.3.3, S. 77, Abs. 1.

[56] KESSELMEIER in GUDERIAN (2000A): Abschn. 2.3.1, S. 75, Abs. 2.

[57] KESSELMEIER in GUDERIAN (2000A): Abschn. 2.1.6, S. 68.

[58] KESSELMEIER, STAUDT in GUDERIAN (2000A): Abschn. 2.10, S. 168, Abs. 1.

[59] BLUME et al.: Abschn. 6.5.1, S. 251, Abs. 1 bis 2.

[60] BLUME et al.: Abschn. 6.5.1, S. 252, Abs. 1.

[61] MEIXNER, NEFTEL in GUDERIAN (2000A): Abschn. 2.4, S. 97, Abs. 2.

[62] BLUME et al.: Abschn. 6.5.3.1, S. 255, Abs. 6.

Propen[63] und sind eine Quelle niederer Carbonsäuren.[64] Böden und Marschland werden bei Carbonylsulfid-Emissionen als starke Quellen eingeschätzt.[65] Daneben wird Schwefelwasserstoff aus den anaeroben Bereichen von Böden emittiert.[66] Die wichtigste Quelle für Dimethylsulfid (DMS) sind die Ozeane.[67] Auch bei Carbonylsulfid stellen die Ozeane die größte Quelle dar.[68] Daneben sind Ozeane und Sümpfe als natürliche Quellen für SO_2 zu nennen.[69] Außerdem wird Schwefelwasserstoff aus den anaeroben Bereichen von Gewässern emittiert.[70] Daneben emittieren Ozeane flüchtige Schwefelverbindungen in Form von CS_2.[71] Ozeane gehören zu den wichtigsten natürlichen NH_3-Quellen[72] und emittieren zudem Chlorid[73] sowie Ethen und Propen.[74] Daneben emittieren Ozeane Kohlenwasserstoffverbindungen, Methylnitrate und Methylhalogenide. Ozeane sind außerdem eine Quelle für biogene Kalziumkarbonate.[75] Die Hauptbestandteile von Seesalz sind 81 % NaCl, 11 % $MgCl_2$, 5 % $MgSO_4$ und weitere Ionen.[76] Über Meersalzpartikel werden die Seesalzbestandteile in die Atmosphäre transportiert und können dort teilweise auskristallisieren.[77] Aus der DMS-Abgabe von Algen werden Sulfate gebildet, auch Excess-Sulfat genannt.[78] Ein weiterer Grund für die Bildung von Excess-Sulfat liegt in der Alkalinität der Seesalztröpfchen, da sich in den Tröpfchen SO_2 aus DMS löst und bei hohen pH-Wert durch Ozon zu Sulfat oxidiert wird.

---

[63] KESSELMEIER, STAUDT in GUDERIAN (2000A): Abschn. 2.8.2.3, S. 155, Abs. 1.
[64] KESSELMEIER, STAUDT in GUDERIAN (2000A): Abschn. 2.8.2.3, S. 158, Abs. 1.
[65] KESSELMEIER in GUDERIAN (2000A): Abschn. 2.3.1, S. 75, Abs. 1.
[66] KESSELMEIER in GUDERIAN (2000A): Abschn. 2.3.3, S. 77, Abs. 1.
[67] KESSELMEIER in GUDERIAN (2000A): ABSCHN. 2.3.4, S. 78, Abs. 1.
[68] KESSELMEIER in GUDERIAN (2000A): Abschn. 2.3.1, S. 75, Abs. 2.
[69] FRIEDRICH, OBERMEIER in GUDERIAN (2000A): Abschn. 2.2, S. 68, Abs. 1.
[70] KESSELMEIER in GUDERIAN (2000A): Abschn. 2.3.3, S. 77, Abs. 1.
[71] KESSELMEIER in GUDERIAN (2000A): Abschn. 2.3, S. 76, Tab. 2.3-1.
[72] KESSELMEIER, STAUDT in GUDERIAN (2000A): Abschn. 2.10, S. 168, Abs. 1.
[73] FRIEDRICH, OBERMEIER in GUDERIAN (2000A): Abschn. 2.1.6, S. 68.
[74] KESSELMEIER, STAUDT in GUDERIAN (2000A): Abschn. 2.8.2.3, S. 155, Abs. 1.
[75] KONDRATYEV: Abschn. 4.1.3, S. 192, Abs. 3.
[76] WINKLER in GUDERIAN (2000B): Abschn. 1.1.6.2, S. 16, Abs. 5.
[77] WARNECK: Abschn. 7.4.2, S. 379, Abs. 2.
[78] Dies und das Folgende nach WINKLER in GUDERIAN (2000B): Abschn. 1.1.6.2, S. 17.

Unter den natürlichen Prozessen sind auch Gaslagerstätten zu erwähnen, die starke Quellen für Ethan, Propan und Butan sein können[79] sowie Blitzentladungen bei Gewitterereignissen, wodurch Stickoxide gebildet werden.[80]

Vulkanismus
Bei einer Eruption emittieren Vulkane mineralischen Staub sowie Partikel aus Verbrennungsprozessen, Salze und sog. flüchtige Elemente, die auch in der Erdkruste vorkommen, wie z. B. Zn, Cu, Au, Pb, As, Cd, Sb, Br, S, Se, Ce, Hg.[81] Schwefel, Chlor und Brom werden meist als Gas emittiert, kondensieren aber als SO_2, HCl und HBr und haften an Partikeln.[82] In Zeiten zwischen den Eruptionen emittieren Vulkane feine mit Schwefelsäure überzogene Lavapartikel und in der Schwefelsäure gelösten Salzen. Die Mehrheit der emittierten Partikel vereint sich im Sub-μm-Größenbereich und hat ein linksschiefes Maximum bei Radien kleiner 0,1 μm. Während paroxysmaler Ereignisse steigt die Konzentration der Partikel im Größenbereich von 10–100 μm.[83] Vulkane emittieren Schwefelatome und SO_2. Daneben sind Vulkane eine der größten natürlichen Quellen für H_2S.[84]

Es lässt sich zwischen troposphärischen und stratosphärischen Aerosolen unterscheiden, wovon die stratosphärischen Partikel überwiegend vulkanischen Ursprungs sind.[85]

Raumfahrt und Kosmos
Kosmischer Staub ist eine natürliche Quelle für atmosphärische Spurenstoffe. Die kosmischen Partikel werden auch als Mikrometeorite bezeichnet. Mikrometeorite können extraterrestrischen Ursprungs sein oder von Menschen in den Erdorbit gehoben worden sein.

Natürliche Mikrometeorite werden von größeren Meteoriden, Kometen und Asteroiden emittiert, aber auch von Planeten, Monden und deren Ringen.[86] Wenn die extraterrestrischen Partikel auf die Erdatmosphäre treffen, wird die Bewegungsenergie in thermische Energie umgewandelt. Dabei werden die Partikel durch die

---

[79] KESSELMEIER, STAUDT in GUDERIAN (2000A): Abschn. 2.8.2.3, S. 153, Abs. 2.
[80] MEIXNER, NEFTEL in GUDERIAN (2000A): Abschn. 2.4, S. 83, Abs. 1.
[81] WARNECK: Abschn. 7.4.4, S. 398, Abs. 3.
[82] WARNECK: Abschn. 7.4.4, S. 399, Abs. 1.
[83] WARNECK: Abschn. 7.4.4, S. 398, Abs. 2.
[84] THE ROYAL SWEDISH ACADEMY OF SCIENCE AND THE ROYAL SWEDISH ACADEMY OF ENGINEERING SCIENCES: Abschn. 8.3.2, S. 194, Abs. 2.
[85] KONDRATYEV: Abschn. 4.1.1, S. 188, Abs. 5.
[86] SPOHN/BREUER/JOHNSON: Kap. 29, S. 657, Abs. 1.

Atmosphäre abgebremst und durch Reibung erhitzt. Sind die Partikel klein und schnell genug, werden sie an der Oberfläche so stark erhitzt, dass Material abgedampft wird.[87] Das Material kondensiert und formt dabei winzige Kugeln, die auf die Erdoberfläche niederschlagen. Kosmischer Staub kann aus steinigen, metallischen und organischen Materialien bestehen.[88] Die organischen Materialien sind sehr unterschiedlich; in Proben aus dem Schweif des Kometen *Wild 2* wurde sogar Glycin – eine einfache Aminosäure – gefunden.[89] Ein besonderes Merkmal kosmischen Staubs ist die große Variabilität in der Isotopenzusammensetzung.[90] Anhand der elementaren Partikelzusammensetzung kann kosmischer Staub in drei Klassen eingeteilt werden: Mit ca. 60 % sind chondritische Partikel die stärkste Klasse, gefolgt von Eisen-Schwefel-Nickel-Partikeln als zweitstärkste Klasse mit 30 % und als drittstärkste Gruppe, mit 10 %, Partikel aus mafischen Silikaten (eisenmagnesium-reiche Silikate, z. B. Olivine und Pyroxene).[91] In Chondriten können unter anderem folgende Elemente gefunden werden: Mg, Si, Fe, S, Al, Ca, Ni, Cr, Mn, Cl, K, Ti, Co, Zn, Cu, Ge, Se, Ga und Br.[92]

Eine andere Quelle für kosmischen Staub sind Gegenstände, die von Menschen in die Erdumlaufbahn gebracht wurden, wie z. B. Satelliten oder Raketenteile.[93] Daneben bestehen in ca. 20 km Höhe ungefähr 90 % der Partikel zwischen 3 und 8 μm aus Aluminiumoxidkugeln, die aus dem Abgas von festem Raketentreibstoff gebildet werden.[94]

---

[87] Dies und das Folgende nach SPOHN/BREUER/JOHNSON: Abschn. 29.2.1, S. 660.

[88] SPOHN/BREUER/JOHNSON: Abschn. 29.1, S. 657, Abs. 2.

[89] SPOHN/BREUER/JOHNSON: Abschn. 29.2.5, S. 666, Abs. 1.

[90] SPOHN/BREUER/JOHNSON: Abschn. 29.2.2, S. 663, Abs. 2.

[91] SPOHN/BREUER/JOHNSON: Abschn. 29.2.2, S. 663, Abs. 1.

[92] SPOHN/BREUER/JOHNSON: Abschn. 29.2.2, S. 662.

[93] SPOHN/BREUER/JOHNSON: Abschn. 29.1, S. 659, Abs. 3.

[94] SPOHN/BREUER/JOHNSON: Abschn. 29.2.2, S. 661, Abs. 3.

Was Sie aus diesem *essential* mitnehmen können

- Staub ist eine Mischung aus verschiedenen Partikeln unterschiedlichsten Ursprungs
- Die Bezeichnung „Feinstaub" bezieht sich auf eine bestimmte Partikelfraktion mit einem bestimmten aerodynamischen Partikeldurchmesser
- Sekundärer Feinstaub wird aus Gasen in der Atmosphäre gebildet
- Es gibt verschiedene Mechanismen die zur Sekundärpartikelentstehung führen, u. a. abhängig von der Atmosphärenschicht und den beteiligten Edukte

© Der/die Herausgeber bzw. der/die Autor(en), exklusiv lizenziert an Springer
Fachmedien Wiesbaden GmbH, ein Teil von Springer Nature 2022
R. Trierweiler, *Sekundärer Feinstaub,* essentials,
https://doi.org/10.1007/978-3-658-40157-3

Literatur

BLUME, Hans-Peter, BRÜMMER, Gerhard W., HORN, Rainer, KANDELER, Ellen, KÖGEL-KNABNER, Ingrid, KRETZSCHMAR, Ruben, STAHR, Karl, WILKE, Berndt-Michael. (2016): „SCHEFFER/SCHACHTSCHABEL: Lehrbuch der Bodenkunde", 16. Auflage, Verlag: Springer-Verlag Berlin Heidelberg, ISBN: 978-3-662-49959-7.

BOGA, Réka, KERESZTESI, Agnes, BODOR, Zsolt, TONKA, Szende, SZÉP, Róbert, MICHEU, Miruna Mihaela: „Source identification and exposure assessment to PM_{10} in the Eastern Carpathians, Romania", https://doi.org/10.1007/s10874-021-09421-0, veröffentlicht am 14.04.2021.

BURKACKY, Ondrej (2020): „Chemiestudent.de: Reaktion von Ammonium und Schwefeldioxid in Gegenwart von flüssigem Wasser", https://www.chemiestudent.de/forum/ano rganische-chemie-f6/reaktion-von-ammonium-und-schwefeldioxid-in-gegenwart-von-flussigem-wasser-t17718.html#p88803, zuletzt aufgerufen am 13.03.2022.

DEUTSCHES UMWELTBUNDESAMT (2020): „Feinstaub", https://www.umweltbundes amt.de/themen/luft/luftschadstoffe/feinstaub, zuletzt aufgerufen am 13.03.2022.

DEUTSCHES UMWELTBUNDESAMT (2013): „Was ist Feinstaub?", https://www.umwelt bundesamt.de/service/uba-fragen/was-ist-feinstaub, zuletzt aufgerufen am 13.03.2022.

DREYHAUPT, Franz Joseph [HRSG.] (1994): „VDI-Lexikon Umwelttechnik", 1. Auflage, Springer Verlag Berlin Heidelberg, ISBN 978-3-642-95751-2.

EUROPEAN ENVIRONMENT AGENCY (2016): „Suspended particulates (TSP/SPM)", https://www.eea.europa.eu/publications/2-9167-057-X/page021.html, zuletzt aufgerufen am 13.03.2022.

FORSCHUNGSZENTRUM FÜR UMWELT UND GESUNDHEIT: „Mensch+Umwelt: Strahlung im Alltag", 7. Ausgabe, 1991, ISSN 0175-4521.

GUDERIAN, Robert [HRSG.] (2000A): „Handbuch der Umweltveränderungen und Ökotoxikologie, Band 1A: Atmosphäre", 1. Auflage, Springer Verlag Berlin Heidelberg, ISBN 3-540-66184-0.

GUDERIAN, Robert [HRSG.] (2000B): „Handbuch der Umweltveränderungen und Ökotoxikologie, Band 1B: Atmosphäre", 1. Auflage, Springer Verlag Berlin Heidelberg, ISBN 978-3-642-63038-5.

HIDY, G. M., BROCK, J. R. (1970): „International Reviews in Aerosol Physics and Chemistry, Volume 1: The Dynamics of Aerocolloidal Systems", 1. Auflage, Pergamon Oxford, LCCN 70-104120.

© Der/die Herausgeber bzw. der/die Autor(en), exklusiv lizenziert an Springer Fachmedien Wiesbaden GmbH, ein Teil von Springer Nature 2022
R. Trierweiler, *Sekundärer Feinstaub*, essentials,
https://doi.org/10.1007/978-3-658-40157-3

HOFMANN, Thilo (2004): „Kolloide: Die Welt der vernachlässigten Dimensionen", Verlag: Wiley-VCH Verlag Weinheim, erschienen in „Chemie in unserer Zeit" 2004, Heft 38, https://onlinelibrary.wiley.com/doi/abs/10.1002/ciuz.200400294, zuletzt aufgerufen am 13.03.2022.

ISIDOROV, Valery A., PIROZNIKOW, Ewa, SPIRINA, Viktoria L., VASYANIN, Alexander N., KULAKOVA, Svetlana A., ABDULMANOVA, Irina F., ZAITSEV, Andrei A.: „Emission of volatile organic compounds by plants on the floor of boreal and mid-latitude forests", https://doi.org/10.1007/s10874-022-09434-3, veröffentlicht am 15.03.2022.

KALTSCHMITT, Martin, HARTMANN, Hans, HOFBAUER, Hermann (2016): „Energie aus Biomasse", 3. Auflage, Verlag: Springer Verlag Berlin Heidelberg, ISBN 978-3-662-47437-2.

KARLRUHER INSTITUT FÜR TECHNOLOGIE: „Untersuchung der Feinstaubentstehung im Reifen-Fahrbahn-Kontakt", https://www.fast.kit.edu/lff/1015_12283.php, zuletzt aufgerufen am 13.03.2022.

KASANG, Dieter: „Sekundäre Aerosole", https://bildungsserver.hamburg.de/aerosole/253 3668/aerosole-sekundaere-artikel/, zuletzt aufgerufen am 13.03.2022.

KONDRATYEV, Kirill, IVLEV, Lev, KRAPIVIN, Vladimir, VAROTSOS, Costas (2006): „Atmospheric Aerosol Properties – Formation, Processes and Impacts", 1. Edition, Springer Verlag Berlin Heidelberg New York, ISBN 10: 3-540-26263-6.

LIPPOLD, Björn (LUMITOS AG): „Chemie.de: Lösungseffekt", https://www.chemie.de/lex ikon/L%C3%B6sungseffekt.html, zuletzt aufgerufen am 13.03.2022.

ÖSTERREICHISCHES UMWELTBUNDESAMT (2019): „Staub – Allgemein", https:// www.umweltbundesamt.at/umweltthemen/luft/luftschadstoffe/staub, zuletzt aufgerufen am 13.03.2022.

RAVINA, Marco, CARAMITTI, Gianmarco, PANEPINTO, Deborah, ZANETTI, Mariachiara: „Air quality and photochemical reactions: analysis of NO_X and NO_2 concentrations in the urban area of Turin, Italy", https://doi.org/10.1007/s11869-022-01168-1, veröffentlicht am 11.02.2022.

RÜGER, Christian (2016): „Die Wege von Staub", 1. Edition, Springer Verlag Berlin Heidelberg, ISBN 978-3-662-47840-0.

SPOHN, Tilman, BREUER, Doris, JOHNSON, Torrence (2019): „Encyclopedia of the Solar System", 3. Edition, Verlag: Elsevier, ISBN: 978-0-12-415845-0.

SPURNY, Kvetoslav R. (2000): „Aerosol Chemical Processes in the Environment", 1. Edition, Verlag: Lewis Publishers, Boca Raton, London, New York, Washington D.C – CRC Press LLC, ISBN 0-87371-829-1 (alk. Papers).

THE ROYAL SWEDISH ACADEMY OF SCIENCE AND THE ROYAL SWEDISH ACADEMY OF ENGINEERING SCIENCES (1971): „Inadvertent Climate Modification – Report of the Study of Man's Impact on Climate (SMIC)", 1. Edition, Verlag: The MIT Press, Cambridge, Massachusetts and London, England, ISBN 0-262-19101-6.

TIMMRECK, Claudia (1997): „Simulation zur Bildung und Entwicklung von stratosphärischem Aerosol unter besonderer Berücksichtigung der Pinatuboepisode", Dissertation, Max-Planck-Institut für Meteorologie, Universität Hamburg, ISSN 0938-5177, http://hdl. handle.net/21.11116/0000-0005-D5B3-0, zuletzt aufgerufen am 13.03.2022.

TUCKERMANN, Rudolf (2005): „Atmosphärenchemie", http://www.pci.tu-bs.de/aggeri cke/PC5-Atmos/Aerosole.pdf, zuletzt aufgerufen am 13.03.2022.

URBAN, Susanne (2010): „Charakterisierung der Quellverteilung von Feinstaub und Stickoxiden in ländlichem und städtischem Gebiet", http://elpub.bib.uni-wuppertal.de/servlets/DerivateServlet/Derivate-2034/dc1026.pdf, zuletzt aufgerufen am 13.03.2022.

WALDSCHLÄGER, Kryss (2019): „Mikroplastik in der aquatischen Umwelt", 1. Ausgabe, Verlag: Springer Vieweg, ISBN 2197-6708.

WARNECK, Peter (2000): „Chemistry of the Natural Atmosphere", 2. Edition, Verlag: Academic Press, ISBN 0-12-735632-0.

WILHEM, Stefan (2003): „Untersuchung zur ioneninduzierten Aerosolbildung in der freien Atmosphäre: Flugzeug- und Labormessungen", Inaugural-Dissertation, Ruprecht-Karls-Universität Heidelberg, URN urn:nbn:de:bsz:16-opus-35804, http://www.ub.uni-heidelberg.de/archiv/3580, zuletzt aufgerufen am 13.03.2022.

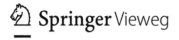

Manfred Schmoch
Dominik Steiner

Handbuch Elektrofilter

Physik, Hochspannungsversorgung,
Erdung und Auslegung

2. Auflage

Springer Vieweg

Jetzt bestellen:
link.springer.com/978-3-658-36206-5

Printed in the United States
by Baker & Taylor Publisher Services